普通高等教育"十四五"规划教材

智能制造技术与系统

李大奇　于跃强　主编

高　胜　主审

U0264061

中国石化出版社

·北京·

内 容 提 要

本教材是智能制造专业非常重要的一门专业课，引导学生适应新技术、新工艺，掌握未来制造业发展的趋势。全书共5章，前4章主要阐述了智能制造系统的架构、系统层级、智能特征，智能制造中所涉及的智能制造关键技术、制造装备及智能制造工艺与生产管理，第5章介绍了智能制造技术在石油装备领域的应用案例。

本书将智能制造技术与石油石化装备相结合，充分体现了行业特色，可作为智能制造方向、石油机械方向的本、专科生教材，也可以用作相关领域和专业教师、研究生和科技人员的教材或参考书。

图书在版编目（CIP）数据

智能制造技术与系统 / 李大奇，于跃强主编 . —北京：中国石化出版社，2024.7. -- ISBN 978 - 7 - 5114 - 7408 - 7

Ⅰ. ①TH166

中国国家版本馆 CIP 数据核字第 2024NT6179 号

中国石化出版社出版发行

地址：北京市东城区安定门外大街 58 号
邮编：100011　电话：(010)57512500
发行部电话：(010)57512575
http://www.sinopec-press.com
E-mail：press@ sinopec.com
宝蕾元仁浩（天津）印刷有限公司印刷
全国各地新华书店经销

＊

787 毫米×1092 毫米 16 开本 12.25 印张 258 千字
2024 年 7 月第 1 版　2024 年 7 月第 1 次印刷
定价：46.00 元

前　言

在世界各国重振制造业战略的大环境下，制造业在全球经济中的地位不断提升，全球竞争格局不断变迁，发达国家聚集各种创新资源保持制造业发展优势，新兴经济体也表现出了强劲的发展活力。中国制造业也面临严峻的挑战和重大发展机遇，为了增强综合国力，提升国际竞争力，保障国家安全，中共中央、国务院制定了中国实施制造强国战略第一个十年行动纲领——《中国制造2025》。《中国制造2025》提出了中国实现制造强国战略分"三步走"的战略目标。第一步，到2025年，力争用十年时间，迈入制造强国行列；第二步，到2035年，我国制造业整体达到世界制造强国阵营的中等水平；第三步，到新中国成立一百周年时，制造业大国地位更加巩固，综合实力进入世界制造强国前列。制造强国战略对于制造业发展和我国经济转型升级的重要意义已开始显现。制造业是国民经济主体，是立国之本、兴国之器、强国之基的理念日益普及，形成了重视制造业、振兴制造业、发展制造业的良好舆论环境。

《国家智能制造标准体系建设指南（2021版）》中指出，"按照《中华人民共和国国民经济和社会发展第十四个五年规划和2035年远景目标纲要》《国家标准化发展纲要》的部署要求，坚定不移实施制造强国网络强国战略"，"到2025年，在数字孪生、数据字典、人机协作、智慧供应链、系统可靠性、网络安全与功能安全等方面形成较为完善的标准簇，逐步构建起适应技术创新趋势、满足产业发展需求、对标国际先进水平的智能制造标准体系"。

智能制造是基于新一代信息技术，贯穿设计、生产、管理、服务等制造活动各个环节，具有信息深度自感知、智慧优化自决策、精准控制自执行等功能的先进制造过程、系统与模式的总称。其显著特征体现为以智能工厂为载体、以关键制造环节智能化为核心、以端到端数据流为基础、以网络互联为支撑，可有效缩短产品研制周期，降低运营成本，提高生产效率，提升产品质量，降低资源能源消耗。

本书共分5章：第1章介绍了智能制造系统的基本概念及国内外发展现状；第2章阐述了智能制造的关键技术，包含智能检测技术、智能控制技术、数字孪生技术、智能运维技术；第3章详细介绍了智能制造相关装备及其应用，包括工业机器人、高档数控机床、增材制造装备等；第4章阐述了智能制造的生产工艺，包括智能设计系统、智能加工工艺、智能管理与服务等；第5章介绍了智能制造在石油、化工领域的应用情况。

本书内容完整、系统性强，充分反映了当前我国智能制造技术的研究、应用和发展水平，可作为高等院校机械工程专业本科生和研究生的教材，亦可供智能制造装备领域的研究人员与工程技术人员参考。

本书由李大奇主编，编写分工如下：李大奇（第1章、第2章、第4章、第5章）、于跃强（第1章、第3章）、赵海洋（第2章）、董康兴（第2章、第3章、第5章）、朱兆阁（第3章），并由高胜教授主审。

本书编写过程中得到了相关研究生的大力支持和帮助，在此表示衷心感谢！

由于作者水平有限，书中难免有不足之处，敬请各位读者批评指正。

目　　录

第1章　智能制造技术概述

1.1　智能制造技术的背景和产生

1.1.1　传统制造业的发展

制造业是国民经济的基础和产业主体，是经济增长的引擎和重要保证，也是国民经济和综合国力的重要体现。尤其对人口众多的我国而言，吸纳劳动力最多的制造业是我国的立国之本、兴国之器、强国之基。改革开放以来所取得的辉煌成绩，充分体现了制造业对国民经济、社会进步及人民富裕的关键作用。

传统制造业的发展历程大致经历了四个阶段，如图1-1所示。第一阶段为机器制造时代，是从18世纪60年代开始，以蒸汽机和工具机发明为特征的产业革命，使机械生产代替了手工劳动，实现了从以农业、手工业为基础转型到工业发展的模式。第二阶段为电气化与自动化时代，是从19世纪下半叶开始，工业领域发生重大变革，开创了流水线、大批量生产模式，形成以科学管理为核心，推行标准化、流程化的管理模式。第三阶段为电子信息时代，是从20世纪70年代开始，随着电子技术、计算机技术、自动化技术等迅速发展，推动了制造技术面向市场、柔性生产的新阶段，引发了生产模式和管理技术的革命，出现计算机集成制造、生产模式。第四阶段为智能化时代，是从21世纪开始，工业领域将步入"分散化"生产的新时代。将互联网、大数据、云计算、物联网等新技术与工业生产相结合，最终实现工厂智能化生产。企业的生产组织形式从现代化工厂转变为虚实融合的工厂，建立柔性生产系统，提供个性化生产。

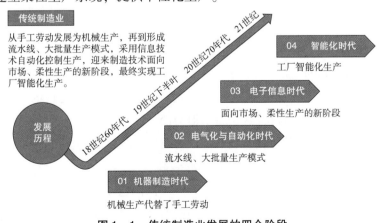

图1-1　传统制造业发展的四个阶段

信息技术、网络技术、管理技术和其他相关技术的发展有力地推动了制造系统所追求目标的实现，生产过程从手工化、机械化、刚性化逐步过渡到柔性化、服务化、智能化。制造业已从传统的劳动和装备密集型，逐渐向信息、知识和服务密集型转变，新的工业革命即将到来。

1.1.2 智能制造技术的背景

当前，以移动互联网、物联网、大数据、云计算、区块链、人工智能等新一代互联网信息技术为内生驱动力，促使传统制造业智能化转型升级，已成为各国整体提升制造业国际竞争力和影响力的路径选择。各国传统制造业智能化转型升级策略如图 1-2 所示。

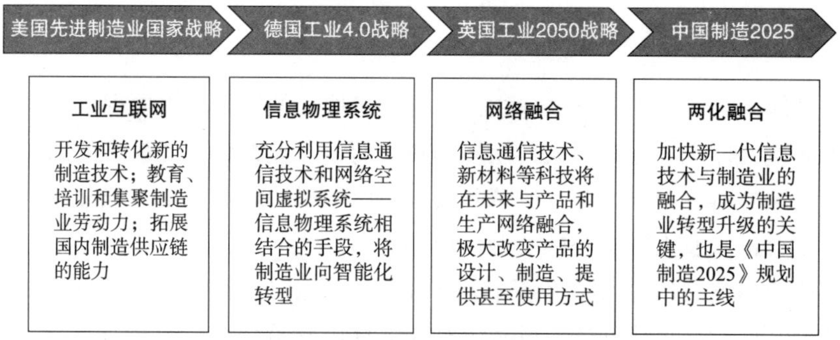

美国先进制造业国家战略	德国工业4.0战略	英国工业2050战略	中国制造2025
工业互联网	**信息物理系统**	**网络融合**	**两化融合**
开发和转化新的制造技术；教育、培训和集聚制造业劳动力；拓展国内制造供应链的能力	充分利用信息通信技术和网络空间虚拟系统——信息物理系统相结合的手段，将制造业向智能化转型	信息通信技术、新材料等科技将在未来与产品和生产网络融合，极大改变产品的设计、制造、提供甚至使用方式	加快新一代信息技术与制造业的融合，成为制造业转型升级的关键，也是《中国制造2025》规划中的主线

图 1-2　各国传统制造业智能化转型升级策略

美国先进制造业国家战略。美国国家科技委员会发布了《先进制造业国家战略计划》，将促进先进制造业发展提高到了国家战略层面。时任美国总统奥巴马提出创建"国家制造业创新网络（NNMI）"，以帮助消除本土研发活动和制造技术创新发展之间的割裂，重振美国制造业竞争力。

德国工业4.0战略。"工业4.0"是德国政府《高技术战略》中十大未来项目之一，被认为是继以蒸汽机广泛应用为标志的第一次工业革命、以电气化为标志的第二次工业革命和以自动化为标志的第三次工业革命之后，以智能制造为主导的第四次工业革命。"工业4.0"涵盖了制造业、服务业和工业设计等多方面内容，旨在开发全新的商业模式，挖掘工业生产和物流模式的巨大潜力。

英国工业2050战略。英国政府推出"高价值制造"战略，希望鼓励英国企业在本土生产更多世界级的高附加值产品，以加强制造业在促进英国经济增长中的作用。目前，"高价值制造"战略已进行到第三期。所谓"高价值制造"，是指应用先进的技术和专业知识，以创造能为英国带来持续增长和高经济价值潜力的产品、生产过程和相关服务。英国政府推出了系列资金扶持措施，保证高价值制造成为英国经济发展的主要推动力，促进企业实现从设计到商业化整个过程的创新。

中国制造2025。2015年5月，国务院印发《中国制造2025》，提出了实现中国制造向中国创造转变、中国速度向中国质量转变、中国产品向中国品牌转变，完成中国制造由大变强的重要任务、重点领域和重大工程。实施《中国制造 2025》，必须坚持创新驱动、智能转型、强化基础、绿色发展，加快从制造大国向制造强国转变。

1.1.3 智能制造技术的产生

智能制造不是凭空产生的社会进程，而是以前期技术积淀为支撑，以人工智能和新一代信息通信技术等先进技术作为产业变革的驱动力。智能制造以数字化制造阶段为发展起源，中间经历了网络化制造阶段，逐步过渡至智能制造阶段。智能制造技术的产生大致经历三个阶段，如图 1 - 3 所示。

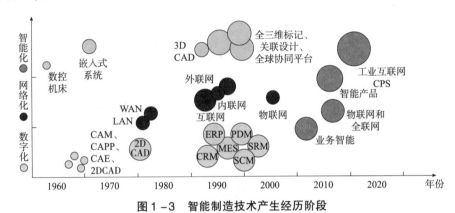

图 1 - 3 智能制造技术产生经历阶段

第一阶段为数字化制造阶段（1952—1966），1952 年，MIT 采用真空管电路实现了三坐标铣床的数控化，标志着数字化制造的诞生，1955 年，实现了数控机床的批量制造，数字化制造技术实现商用。第二阶段为网络化制造阶段（1967—2012），1967 年，美国将多台数控机床连接成可调加工系统，成为柔性制造系统的雏形。20 世纪 70 年代和 80 年代，CAD 和 CAM 开始出现，在波音公司和通用公司的共同开发下实现了二者的融合，并与其他相关系统一起构建形成了计算机集成制造系统。20 世纪 90 年代，CAD/CAM 一体化三维软件大量出现，并应用到机械、航空、航天等领域，形成了现代信息化制造技术体系。此时，智能制造系统概念刚提出不久，日本和加拿大先后实现了分布智能系统控制和机器人控制等技术，智能制造逐渐在世界兴起。第三阶段为智能制造阶段（2013—），2013 年 4 月，德国在汉诺威工业博览会上正式推出“工业 4.0”战略，旨在通过充分利用信息通信技术和信息物理系统来引导制造业智能化转型。2013 年 9 月美国宣布重新成立“AMP 指导委员会 2.0”，并于 2012 年发布《先进制造业国家战略计划》，旨在通过创新领先和发展工业互联网来引领美国制造业在全球的主导地位。2013 年 10 月英国推出了《英国工业 2050 战略》，认为未来制造业的主要趋势是个性化、低成本产品需求增大、生产重新分配和制造价值链的数字化。2015 年 5 月，中国发布《中国制造 2025》，将推进智能制造作为制造业发展的主攻方向。一系列重要文件预示着制造业智能化将成为中国制造业未来的发展方向，推动制造业生产方式的重大变革。

1.2　智能制造技术概念、内涵和特征

1.2.1　智能制造技术的概念

20世纪80年代人工智能在制造领域中的应用，智能制造概念被正式提出；发展于20世纪90年代智能制造技术、智能制造系统的提出；成熟于21世纪以来新一代信息技术条件下的"智能制造"（Smart Manufacturing，SM），智能制造概念发展过程如图1-4所示。

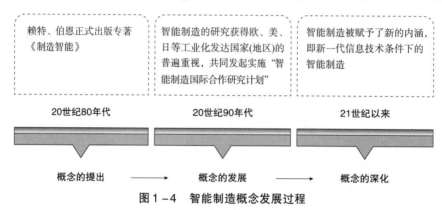

图1-4　智能制造概念发展过程

20世纪80年代：概念的提出。1989年日本提出了智能制造系统的概念。在美国学者赖特（Paul Kenneth Wright）、伯恩（David Alan Bourne）正式出版的专著《制造智能》中，就智能制造的内涵与前景进行了系统描述，将智能制造定义为"通过集成知识工程、制造软件系统、机器人视觉和机器人控制来对制造技工们的技能与专家知识进行建模，以使智能机器能够在没有人工干预的情况下进行小批量生产"。在此基础上，英国技术大学Williams教授对上述定义做了更为广泛的补充，认为"集成范围还应包括贯穿制造组织内部的智能决策支持系统"。麦格劳·希尔科技词典将智能制造界定为采用自适应环境和工艺要求的生产技术、最大限度地减少监督和操作、制造物品的活动。

20世纪90年代：概念的发展。在智能制造概念提出不久后，智能制造的研究获得欧、美、日等工业化发达国家（地区）的普遍重视，围绕智能制造技术（IMT）与智能制造系统（IMS）开展国际合作研究。1991年，日、美、欧共同发起实施的"智能制造国际合作研究计划"中提出："智能制造系统是一种在整个制造过程中贯穿智能活动，并将这种智能活动与智能机器有机融合，将整个制造过程从订货、产品设计、生产到市场销售等各个环节以柔性方式集成起来的能发挥最大生产力的先进生产系统。"

21世纪以来：概念的深化。21世纪以来，随着物联网、大数据、云计算等新一代信息技术的快速发展及应用，智能制造被赋予了新的内涵，即新一代信息技术条件下的智能制造。2010年9月，美国在华盛顿举办的"21世纪智能制造的研讨会"上指出，智能制造是对先进智能系统的强化应用，使得新产品的迅速制造，产品需求的动态响应以及对工业生产和供应链网络的实时优化成为可能。德国正式推出"工业4.0"战略，虽没明确提出智能制造概念，但包含了智能制造的内涵，即将企业的机器、存储系统和生产设施融入信息物理系统（CPS）。在制造系统中，这些虚拟网络—实体物理系统包括智能机器、存储系统和生产设施，能够相互独立地自动交换信息、触发动作和实现控制。

综上所述，智能制造是将物联网、大数据、云计算等新一代信息技术与先进自动化技术、传感技术、控制技术、数字制造技术等结合，贯穿设计、生产、管理、服务等制造活动各环节，实现工厂和企业内部、企业之间和产品全生命周期的实时管理和优化，具有信息深度自感知、智慧优化自决策、精准控制自执行等功能的先进制造过程、系统与模式的总称。

1.2.2 智能制造技术的内涵

传统制造观以材料处理为核心，是对生产设备输入原材料或毛坯，使其几何形状或物理化学性能发生变化，最终成为产品的过程；进入信息化时代，人们逐步形成了以信息处理为基础的信息制造观，将制造过程看成对制造系统注入生产信息，从而使产品信息获得增值的过程，将产品定义为在原始资源上赋予知识与信息的产物，将制造过程视为赋予知识与信息的过程。

在计算机技术的发展过程中，人工智能是一个重要的研究领域。人工智能（Artificial Intelligence，AI）起源于20世纪中期，其目标是使智能行为自动化。20世纪90年代，人工智能开始应用于制造领域，专家系统、模式识别、神经网络等成为当时学术探讨的重点，出现了"智能制造"的概念，并一度成为研究热点，但实际应用寥寥无几。一方面，当时的人工智能仅从计算机技术应用的角度去适应制造过程的需求，缺乏成熟的产品数字模型、网络技术支持；另一方面，当时的工业领域从生产工具角度更关注工艺装备数字控制、自动控制，从制造过程角度更关注CAD/CAM应用、柔性制造系统（FMS）、计算机集成制造系统（CIMS），尚不完全具备在全过程上广泛应用人工智能的基础环境。

进入21世纪，电子、信息、计算等技术的发展推动了互联网、物联网、大数据等技术领域的快速发展，引发了工业模式的变革。德国称这种变革为第四次工业革命，即"工业4.0"；美国则称其为第三次创新变革浪潮，认为未来工业的特征是"工业互联网"。两者最终的结果，殊途同归，就是更高的智能化，而新工业革命变革的基本特征就是智能制造。

智能制造技术是在信息化、数字化、自动化装置及系统应用的基础上，将人工智能引入制造理论及生产运行过程中，形成以存储、计算、逻辑、推理为特征的机器智能所驱动的产品制造技术。智能制造技术是人工智能与制造技术的有机结合，其基本内涵是指，在制造过程的各个环节，采用人机交互、高度柔性与高度集成的方式，通过计算机模拟人类专家的智能活动，对生产运行过程进行分析、判断、推理和决策，延伸或取代制造活动中人的脑力劳动，并对人类专家的制造智能进行收集、存储、完善、共享、继承与发展，如图1-5所示。可以说，传统的工具和设备延伸了人的四肢能力，智能制造技术则拓展了人的大脑能力。

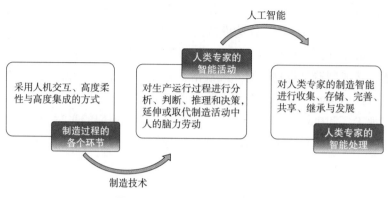

图1-5 智能制造技术的内涵

1.2.3 智能制造技术的特征

智能制造技术的发展不是一蹴而就的，而是一个循序渐进的过程。按照事物发展的内在规律，智能制造技术的发展大体可以划分为三个阶段，如图1-6所示。

图1-6 智能制造技术的特征

第一阶段，单个生产企业的纵向集成。生产企业将生产过程的各个阶段集成互联，不断提高企业效率。一个典型的生产企业逐步使用越来越多的不同信息技术（IT），在几乎所有的传感器和电动机或驱动器中植入微处理器芯片，结合相关软件实现计算机控制。从制造过程中某个特定阶段或制造工艺的智能化，到逐步将各个制造环节的"信息孤岛"互联互通，系统集成，从而使数据在整个企业中得以共享。通过机器大数据的收集和人类智能的结合，推进工厂优化，改进企业管理绩效，大幅增加企业经济效益，提高工人操作安全性，并促进环境可持续发展。

第二阶段，生产企业间的横向集成。通过高性能计算平台将不同生产企业的数据源进行连接，将工厂的特定信息与原材料供应、客户需求进行连接，甚至可以利用智能电网，企业自动规划用电，在用电高峰期放缓生产，在用电低谷期加快生产。这将使更加安全生产、更加精确生产成为可能。

第三阶段，端对端集成，实现生产组织方式和商业模式的变革。通过贯穿整个价值链的工程化数字集成，实现基于价值链与不同企业之间的整合，从而最大限度地实现个性化定制，根本改变传统的商业模式和消费者的购买行为。

智能制造和传统制造相比，具有以下几个鲜明的特点：

(1)自律能力。即具备收集与理解环境和自身的信息并进行分析判断与规划自身行为的能力。只有具有自律能力的设备，才能称为"智能机器"，而具备自律能力的"智能机器"是智能制造不可或缺的条件。

(2)人机一体化。人机一体化是一种混合智能，突出了人在制造系统中的核心地位；同时，在智能机器的配合下，更好地发挥出人的潜能，使人机之间表现出一种平等共事、相互"理解"、相互协作的关系，使两者在不同的层次上各显其能，相辅相成。因此，在智能制造系统中，高素质、高智能的人将发挥更好的作用，机器智能和人类智能将真正地集成在一起，互相配合，相得益彰。

(3)虚拟现实(Virtual Reality，VR)技术。这是实现虚拟制造的支持技术，也是实现高水平人机一体化的关键技术之一。虚拟现实技术是以计算机为基础，融信号处理、动画技术、智能推理、预测、仿真和多媒体技术为一体，借助各种音像和传感装置，虚拟展示现实生活中的各种过程、物件等，使人们从感官和视觉上获得接近真实的感受。这种人机结合的新一代智能技术，是智能制造的一个显著特征。

(4)自组织与超柔性。智能制造系统中的各组成单元能够依据工作任务的需要，自行组成一种最佳的组织结构。这种柔性不仅表现在运行方式上，还表现在结构形式上，所以称这种柔性为超柔性，如同一群人类专家组成的群体，具有生物特征。

1.3 智能制造模式和技术体系

1.3.1 智能制造模式

1. 社会化企业

社会化企业是将 Web 2.0 应用于企业而引申出来的概念，可将其定义为"企业内部、企业与企业之间，以及企业与其合作伙伴、用户间对社会软件的运用"。企业借助 Web 2.0 等社会化媒体工具，使用户能够参与到产品和服务活动中，通过用户的充分参与来提高产品创新能力，形成新的服务理念与模式。Web 2.0 通过社会性软件拓展和延伸了社会世界，使人们的相互沟通交流、知识共享和协作等产生了革命性变化。具体到制造领域，企业可以利用大众力量进行产品创意设计、品牌推广等，产品研发围绕用户需求，极大地增强了用户体验；用户也通过价值共享获得回报，从而达到企业与用户的双赢。就企业和用户的关系而言，用户由产品购买者转变为产品制造者和产品创意者。社会化企业背景下产生了众包生产、产品服务系统等制造模式。社会化企业具有以下特点：

(1)开放协作。社会化企业打破了传统企业和外部的边界，面向更广泛的群体、面向整个社会，充分利用外部优质资源，以此博采众长和资源共享，在全社会范围内对产品研发、设计、制造、营销和服务等阶段进行大规模协同，整合产生效益，实现企业从有边界

到无边界的突破、从"企业生产"到"社会生产"的转变。

（2）平等共享。平等就是去中心化、去等级化，传统的集中经营活动将被社会化企业分散经营方式取代，层级化的管理结构将转变为以节点组织的扁平化结构，产品采取模块化研发生产方式，以适应顾客的个性化需求。

（3）社会化创新。产品创新的思想往往来自用户，社会化企业注重客户参与的互动性、知识运用、隐性知识的集成，通过社会性网络能够充分利用群体智慧的认知与创新能力，提供任务解决方案，发现创意或解决技术问题，帮助进行产品、服务创新。

2. 云制造

云制造是以云计算技术为支撑的网络化制造新形态。云制造通过采用物联网、虚拟化和云计算等网络化制造与服务技术对制造资源和制造能力进行虚拟化与服务化的感知接入，并进行集中高效管理和运营，实现制造资源和制造能力的大规模流通，促进各类分散制造资源的高效共享和协同，从而动态、灵活地为用户提供按需使用的产品全生命周期制造服务。目前，云制造的相关研究内容包括总体框架和模式、制造资源的虚拟化和服务化、云制造服务平台的综合管理、云制造资源组合优选、云环境下的普适人机交互及其他相关应用等。

云制造具有以下特点：（1）云制造以云计算技术为核心，将"软件即服务"的理念拓展至"制造即服务"，实质上就是一种面向服务的制造新模式；（2）云制造以用户为中心，以知识为支撑，借助虚拟化和服务化技术，形成一个统一的云制造服务池，对云制造服务进行统一、集中的智能化管理和经营，并按需分配制造资源及能力；（3）云制造提供了一个产品的研发、设计、生产、服务等全生命周期的协同制造、管理与创新平台，引发了制造模式变革，进而转变了产业发展方式。

3. "工业4.0"下的智能制造——信息物理系统

工业化经历了机械化的"工业1.0"、电气化的"工业2.0"、自动化的"工业3.0"之后，将跨入基于互联网、物联网、云计算、大数据等新一代信息技术的"工业4.0"阶段。"工业4.0"是德国政府提出的一个高科技战略计划，旨在提升制造业的智能化水平，建立具有适应性、资源效率及人因工程学的智慧工厂。为应对"工业4.0"的挑战，中国政府推出了《中国制造2025》，并确定以智能制造为主攻方向。在"工业4.0"战略内涵中，包括机器人、3D打印和物联网等基于现代信息技术和互联网技术兴起的产业，其核心就是通过CPS网络实现人、设备与产品的实时联通、相互识别和有效交流，从而构建一个高度灵活的、个性化和数字化的智能制造模式。

信息物理系统(Cyber Physical Systems, CPS)实质上是通过智能感知、分析、优化和协同等手段，使计算、通信和控制实现有机融合和深度协同，实现实体空间和网络空间的相互指导和映射。CPS的典型应用包括智能交通领域的自主导航汽车，生物医疗领域的远程精准手术系统、植入式生命设备以及智能电网、精细农业、智能建筑等，是构建未来智慧城市的基础。在制造领域，CPS是实现智能制造的重要一环，但其应用仍处于初级阶段，目前研究集中在抽象建模、概念特征及使用规划等方面。

工业 4.0 理念下的智能制造是面向产品全生命周期的、泛在感知条件下的制造，通过信息系统和物理系统的深度融合，将传感器、感应器等嵌入制造物理环境中，通过状态感知、实时分析、人机交互、自主决策、精准执行和反馈，实现产品设计、生产和企业管理及服务的智能化，如图 1-7 所示。

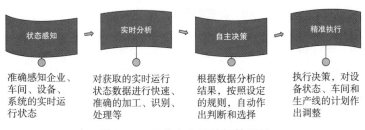

图 1-7　工业 4.0 下的智慧工厂

工业 4.0 模式下，智能装备的控制方式和人机交互将会有很大的变化，基于平板电脑、手机和可穿戴设备等泛在计算设备越来越普及；机器具有自适应性和局部的自主权以及广泛的人机合作和协同，机器与机器(物与物)之间、人与机器之间能够相互通信，感知相关设备和环境的变化，协同完成加工任务；智能工厂还可以通过云计算和服务网络连接成庞大的社会化制造系统，必将导致工业结构、经济结构和社会结构从垂直向扁平转变、从集中向分散转变。

4. 泛在制造

泛在计算又称普适计算、环境智能等，强调计算资源普存于环境中，并与环境融为一体，人和物理世界更依赖"自然"的交互方式。与桌面计算相反，基于环境感知、内容感知能力，泛在计算不只依赖命令行、图形界面进行人机交互，它可以采用新型交互技术(内容感知触觉显示、有机发光显示等)，使用任何设备、在任何位置并以任何形式进行感知和交流。因此，从根本上改变了人去适应机器计算的被动式服务思想，使得用户能在不被打扰的情形下主动、动态地接受信息服务。国际电信联盟(International Telecommunications Union, ITU)将泛在计算描述为物联网基础的远景，泛在计算由此成为物联网通信技术的核心。事实上，泛在计算被应用到各种领域，如 U-城市、U-家庭、U-办公、U-校园、U-政府、U-医疗等，无疑也会影响制造业。

泛在制造即泛在计算在制造全生命周期的应用，包括市场分析、概念形成、产品设计、原材料准备、毛坯生产和零件加工、装配调试、产品使用和维护及回收处理等阶段，如图 1-8 所示。基于泛在计算交互设备，如无线射频识别(Radio Frequency IDentification, RFID)设备、可穿戴设备、语音及手势交互终端、掌上电脑(Personal Digital Assistant, PDA)、各种无线(或有线)网络设备等，制造企业可以自动、实时、准确、详细、随时随地、透明地获取企业物理环境信息。此外，用户(包括产品生命周期各阶段的不同角色参与者)不再局限于通过鼠标和键盘的操作模式查找相关信息，而是通过更加普适化、虚拟化、智能化和个性化的方式，来实现制造全生命周期不同制造阶段、不同制造环境的信息交互，从而提高业务效率。

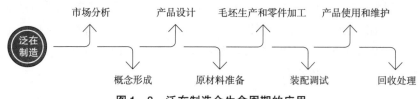

市场分析　　产品设计　　毛坯生产和零件加工　　产品使用和维护

泛在制造　　概念形成　　原材料准备　　装配调试　　回收处理

图 1-8　泛在制造全生命周期的应用

5. 制造物联

发展和采用物联网技术是实施智能制造的重要一环，我国"十二五"制造业信息化科技工程规划明确提出大力发展制造物联技术，以嵌入式系统、RFID 和传感网等构建现代制造物联（Internet of Manufacturing Things，IoMT），增强制造与服务过程的管控能力，催生新的制造模式。

虽然制造企业已经实施了几十年的传感器和计算机自动化，但是这些传感器、可编程序控制器和层级结构控制器等与上层管理系统在很大程度上是分离的，而且是基于层级结构的组织方式，系统缺乏灵活性；由于是针对特定功能而设计的，各类工业控制软件之间的功能相对独立且设备采用不同的通信标准和协议，使得各个子系统之间形成了自动化孤岛，如图 1-9(a)所示。而 IoMT 采用更加开放的体系结构以支持更广范围的数据共享，并从系统整体的角度考虑进行全局优化，支持制造全生命周期的感知、互联和智能化，如图 1-9(b)所示。体系架构方面，IoMT 采用可伸缩的、面向服务的分布式体系结构，制造资源和相关功能模块经过虚拟化并抽象为服务，通过企业服务总线提供制造全生命周期的业务流程应用。IoMT 各子系统之间具有松耦合、模块化、互操作性和自主性等特征，能够动态感知物理环境信息，采取智能行动和反应来快速响应用户需求。

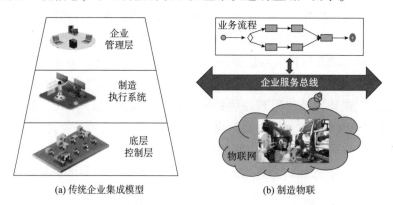

(a) 传统企业集成模型　　　　(b) 制造物联

图 1-9　传统企业信息系统集成与制造物联对比

采用物联网对传统的制造方式进行改造，可以加强产品和服务信息的管理，实时采集、动态感知生产现场（包括物料、机器、现场设备和产品）的相关数据，并进行智能处理与优化控制，以更好地协调生产的各环节，提高生产过程的可控性，减少人工干预。此外，通过情景感知和信息融合，还可以实现新产品的快速制造、市场需求的动态响应及生产供应链的实时优化，提高产品的定制能力和服务创新能力，借此获得经济、效率和竞争力等多重效益。

6. 基于大数据的预测制造及主动制造

"大数据"一词于 2011 年 5 月最早出现在麦肯锡发布的研究报告——《大数据：创新、竞争和生产力的下一个新领域》中，其潜在价值被越来越多的国家所认识，并将其置于国家战略高度。美国发布了"大数据研究与发展计划"，韩国积极推进"大数据中心战略"，中国制定了《大数据产业发展规划(2016—2020 年)》。从数据到信息、从信息到知识、从知识到智慧决策，是商务智能形成的闭环。在生产制造领域，随着数字工厂、泛在感知智能物件、物联网的深入应用，生产管理系统、控制系统、自动化设备以及传统的企业资源规划和制造执行系统等将产生大量数据。从高频率、大容量、种类繁多的海量工业数据中挖掘出有价值的信息，提升业务洞察力，指导运营决策，改进生产流程，降低产品、服务成本，已经成为未来企业提高综合竞争力的重要策略。

目前的制造设施，由于控制系统独立、数据分散而引起许多效率低下的问题，若数据只是某个单元或部门，不能贯穿整个企业，则其产生的价值就是有限的。诚然，产品数据管理、产品全生命周期管理等系统通过固化生产流程来实现业务效率和产品质量的提升，但是数据质量并没有从根本上得到改善。此外，数据接入方式的普适化和数据分析的实时化问题突出，难以实现制造过程的全方位实时监控、制造资源的智能调度与运营决策优化。

与传统的制造或实时制造(泛在制造、IoMT 等)相比，大数据驱动预测制造及主动制造可较好地利用实时数据和历史数据进行预测，传统制造(反应型制造)主要搜索过去的历史数据，只是利用了数据的浅层价值，而且涉及的数据量、种类及范围也相对较小。虽然实时制造可感知并利用生产实时数据(信息)，但仍与传统制造模式类似，大多采用事后的被动策略。主动制造是一种基于数据全面感知、收集、分析、共享的人机物协同制造模式，它利用无所不在的感知收集各类相关数据，通过对所收集的(大)数据进行深度分析，挖掘出有价值的信息、知识或事件，自主地反馈给业务决策者(包括企业人员、客户和合作企业等)，并根据系统健康状态、当前和过去的信息及情境感知，预测用户需求，主动配置和优化制造资源，从而实现集感知、分析、定向、决策、调整、控制于一体的人机物协同的主动生产，进而为用户提供客户化、个性化的产品和服务。通过大数据挖掘来主动、实时地将社会需求与企业制造能力有机地结合起来，从而更好地满足客户的个性化需求，增强用户体验。

总体来看，上述新兴的新一代智能制造模式概念还比较割裂，但实质上，无论是IoMT 云制造还是基于大数据的预测制造、主动制造，都是未来智能制造的一部分，它们各自起到不同的作用。基于新一代信息技术的制造模式对比情况如表 1 - 1 所示，社会化企业强调社群的互动、沟通和协作，通过移动设备及 Web 2.0 等组成的具有交互性和参与性的社会网络，可以对群体信息进行收集、分析和共享，进而聚集大众的知识、智慧、经验和技能，为产品、服务创新提供原始驱动力。

表1-1　基于新一代信息技术的制造模式对比情况

制造模式	关键技术	目标	内涵	研究内容
云制造	云计算	制造资源、能力按需使用	基于云计算等技术，将各类制造资源虚拟化、服务化，并进行统一的集中管理和经营，为产品全生命周期过程提供可随时获取的制造服务	制造资源虚拟化和服务化、运营管理、服务组合、资源共享和优化配置
IoMT	物联网	构建现代IoMT网络	以物联网为支撑，实现对制造资源、产品信息的动态感知、智能处理与优化控制的一种新型制造模式	资源感知、虚拟接入、物联网络开发服务平台和应用系统等
信息物理生产系统	CPPS	建立具有适应性、资源效率及人因工程学的智慧工厂	将机器、存储系统和生产设施融入CPPS，形成能自主感知制造现场状态、自主连接生产设施对象、确定感知模型，自主判断，形成控制策略，并自主调节的智能制造系统	信息物理组件集成、CPPS的优化调度与自治机制、安全性、可靠性和可验证性
泛在制造	泛在计算	泛在感知的产品全生命周期应用	将泛在计算等相关技术应用于制造过程，以便随时随地采集、传输和预处理各类产品全生命周期数据或事件	制造现场环境感知技术、生产事件自动处理与消息推送、制造过程的全面可视化技术
社会化企业	Web 2.0	聚集大众智慧，公众参与	借助Web 2.0等社会化媒体工具，使用户能够参与到产品和服务活动中来，通过用户的充分参与提高产品创新能力	用户体验与社区、内容管理、开放式创新、复杂社会网络特性
预测制造、主动制造	大数据	更深刻的业务洞察	对制造设备本身及产品制造过程中产生的数据进行系统研究，转换成实际有用的信息或知识，并通过这些信息、知识对外部环境及情形做出判断并采取适当的行动	制造产品全生命周期大数据建模、集成与共享、存储、深度分析挖掘和可视化

　　泛在制造强调产品全生命周期的信息感知，并且这种感知是动态、实时的，无时间上的滞后或延迟；IoMT强调基于物联网开发制造服务平台与应用系统，解决产品设计、制造与服务过程中的信息传输和共享，增强制造与服务过程的管控能力；信息物理生产系统（Cyber Physical Production Systems，CPPS）强调对生产、调度、运输、使用和售后等各环节相关资源的实时控制和自主调节。从驱动技术来看，物联网强调应用，泛在计算则强调支撑这些应用的技术本身，CPPS强调通过计算、通信和物理过程的高度集成实现物理实体的自治能力，CPPS比物联网具有更好的自主调节和适应性与协同性，是物联网的进一步延伸和拓展。泛在制造、IoMT、CPPS三者有相互渗透趋同的趋势。

　　云制造伴随着云计算的发展而产生，是"制造服务"的一种具体体现形式。虽然目前的云制造也融入了IoMT、CPPS、泛在计算等新一代信息技术，但云制造的立足点在于云计算，其本质和关键特性还在于对制造资源进行虚拟化、服务化封装、存储及按需使用。

　　基于大数据的主动制造强调对产品研发、生产、运营、营销和服务过程中的海量数据与信息进行大数据分析与深度挖掘，厘清关键环节及价值点，实现制造预测、精准匹配、制造服务主动推送等应用。主动制造还可以提供关于产品在使用中的、更广泛的增值数据服务，提供面向用户服务链与价值链的一站式创新服务，实现从设备、系统、集群到社区智能化的有效整合。

以上这些新兴制造模型是从不同视角提出来的，有着不同的产生背景和侧重点，但从制造系统的观点来看，它们可以统一在智慧制造框架内。智慧制造借鉴欧盟第七框架对未来互联网研究的成果，将务联网、物联网、内容及知识网（简称知识网）、人际网与制造技术相融合，形成以客户为中心、以人为本、面向服务、基于知识运用、人机物协同的制造系统。其中，务联网关注的重点是业务运营网络与客户体验，物联网关注的重点是智能传感和互联互通，知识网关注的重点是（大）数据分析、数据模型和算法工具，人际网关注的重点是用户沟通交互与社会化开放式创新。

综合智能制造相关方式可以总结归纳和提升出三种智能制造的基本范式，也就是数字化制造、数字化网络化制造、数字化网络化智能化制造（新一代智能制造）。智能制造三个基本范式次第展开、迭代升级，体现着国际上智能制造发展历程中的三个阶段。

数字化制造是智能制造的第一种基本范式，可以称为第一代智能制造，是智能制造的基础。以计算机数字控制为代表的数字化技术广泛运用于制造业，形成"数字一代"创新产品和以计算机集成系统（CIMS）为标志的集成解决方案。需要说明的是，数字化制造是智能制造的基础，它的内涵不断发展，贯穿于智能制造的三个基本范式和全部发展历程。这里定义的数字化制造是作为第一种基本范式的数字化制造，是一种相对狭义的定位，国际上有比较广义的定位和理论，在某些理论看来，数字化制造就等于智能制造。

数字化网络化制造是智能制造的第二种基本范式，也可称为"互联网＋制造"或第二代智能制造。20世纪末，互联网技术开始广泛运用，"互联网＋"不断推进制造业和互联网融合发展，网络将人、数据和事物连接起来，通过企业内、企业间的协同，以及各种社会资源的共享和集成，重塑制造业价值链，推动制造业从数字化制造向数字化网络化制造转变。德国"工业4.0"和美国工业互联网均完善地阐述了数字化网络化制造范式，提出了实现数字化网络化制造的技术路线。我国工业界大力推进"互联网＋制造"，一批数字化制造基础较好的企业成功转型，实现了数字化网络化制造。今后一个阶段，我国推进智能制造的重点是大规模地推广和全面应用数字化网络化制造，即第二代智能制造。

数字化网络化智能化制造是智能制造的第三种基本范式，可以称为新一代智能制造。近年来，人工智能加速发展，实现了战略性突破，先进制造技术和新一代人工智能技术深度融合，形成了新一代智能制造。新一代智能制造的主要特征表现在制造系统具备了学习能力，通过深度学习、增强学习等技术应用于制造领域，知识产生、获取、运用和传承效率发生革命性变化，显著提高创新与服务能力，新一代智能制造是真正意义上的智能制造。

1.3.2 智能制造技术体系

智能制造是一种全新的智能能力和制造模式，其核心在于实现机器智能和人类智能的

协同，实现生产过程中自感知、自适应、自诊断、自决策、自修复等功能。从结构方面看，智能工厂内部灵活可重组的网络制造系统的纵向集成，将不同层面的自动化设备与IT系统集成在一起。

参考德国"工业4.0"的思路，智能制造体系主要有三个特征：一是通过价值链及网络，实现企业之间横向的集成；二是贯穿整个价值链端到端的工程数字化集成；三是企业内部灵活可重构的网络化制造体系的纵向集成。智能制造体系的核心是实现资源、信息、物体和人之间的互联，产品要与机器互联，机器与机器之间、机器与人之间、机器与产品之间互联，依托传感器和互联网技术实现互联互通。智能制造的核心是智能工厂建设，实现单机智能设备互联，不同设备的单机和设备互联形成生产线，不同的智能生产线组合成智能车间，不同的智能车间组成智能工厂，不同地域、行业和企业的智能工厂的互联形成一个制造能力无所不在的智能制造系统，这个制造系统是广泛的系统，智能设备、智能生产线、智能车间及智能工厂自由动态的组合，满足变化的制造需求。

从系统层级方面看，完整的智能制造系统主要包括5个层级，如图1-10所示，包括设备层、控制层、车间层、企业层和协同层。在系统实施过程中，目前大部分工厂主要解决了产品、工艺、管理的信息化问题，很少触及制造现场的数字化、智能化，特别是生产现场设备及检测装置等硬件的数字化交互和数据共享。智能制造可以从5个方面认识和理解，即产品的智能化、装备的智能化、生产的智能化、管理的智能化和服务的智能化，要求装备、产品之间，装备和人之间，以及企业、产品、用户之间实现全流程、全方位、实时的互联互通，能够实现数据信息的实时识别、及时处理和准确交换的功能。其中实现设备、产品和人相互间的互联互通是智能工厂的主要功能，智能设备和产品的互联互通、生产全过程的数据采集与处理、监控数据利用、信息分析系统建设等都将是智能工厂建设的重要基础，智能仪器及新的智能检测技术主要集中在产品的智能化、装备的智能化、生产的智能化等方面，处在智能工厂的设备层、控制层和车间层。

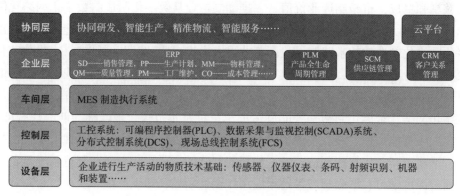

图1-10　智能制造系统层级

在智能制造系统中，其控制层级与设备层级涉及大量测量仪器、数据采集等方面的需求，尤其是在进行车间内状态感知、智能决策的过程中，更需要实时、有效的检测设备作为辅助，所以智能检测技术是智能制造系统中不可缺少的关键技术，可以为上层的车间管理、企业管理与协同层级提供数据支撑。

近年来，智能制造技术出现了各种新模式、新方法和新形式，如图 1 – 11 所示。

图 1 – 11　智能制造新模式、新方法和新形式

1. 智能制造系统的构成

智能制造通过智能制造系统应用于智能制造领域，在"互联网 + 人工智能"的背景下，智能制造系统具有自主智能感知、互联互通、协作、学习、分析、认知、决策、控制和执行整个系统和生命周期中人、机器、材料、环境和信息的特点。智能制造系统一般包括资源及能力层、泛在网络层、服务平台层、智能云服务应用层及安全管理和标准规范。

（1）资源及能力层。资源及能力层包括制造资源和制造能力：①硬制造资源，如机床、机器人、加工中心、计算机设备、仿真测试设备、材料和能源；②软制造资源，如模型、数据、软件、信息和知识；③制造能力，包括展示、设计、仿真、实验、管理、销售、运营、维护、制造过程集成及新的数字化、网络化、智能化制造互联产品。

（2）泛在网络层。泛在网络层包括物理网络层、虚拟网络层、业务安排层和智能感知及接入层。①物理网络层主要包括光宽带、可编程交换机、无线基站、通信卫星、地面基站、飞机、船舶等。②虚拟网络层通过南向和北向接口实现开放网络，用于拓扑管理、主机管理、设备管理、消息接收和传输、服务质量（QoS）管理和 IP 协议管理。③业务安排层以软件的形式提供网络功能，通过软硬件解耦合功能抽象，实现新业务的快速开发和部署，提供虚拟路由器、虚拟防火墙、虚拟广域网（WAN）、优化控制、流量监控、有效负载均衡等功能。④智能感知及接入层通过射频识别（RFID）传感器，无线传感器网络，声音、光和电子传感器及设备，条码及二维码，雷达等智能传感单元以及网络传输数据和指令来感知诸如企业、工业、人、机器和材料等对象。

（3）服务平台层。服务平台层包括虚拟智能资源及能力层、核心智能支持功能层和智能用户界面层。①虚拟智能资源及能力层提供制造资源及能力的智能描述和虚拟设置，把物理资源及能力映射到逻辑智能资源及能力上以形成虚拟智能资源及能力层。②核心智能支持功能层由一个基本的公共云平台和智能制造平台分别提供基础中介软件功能，如智能系统建设管理、智能系统运行管理、智能系统服务评估、人工智能引擎和智能制造功能（如群体智能设计、大数据和基于知识的智能设计、智能人机混合生产、虚拟现实结合智能实验）、自主管理智能化、智能保障在线服务远程支持等。③智能用户界面层广泛支持用于服务提供商、运营商和用户的智能终端交互设备，以实现定制的用户环境。

（4）智能云服务应用层。智能云服务应用层突出了人与组织的作用，包括四种应用模式：单租户单阶段应用模式、多租户单阶段应用模式、多租户跨阶段协作应用模式、多租户点播以及获取制造能力模式。在智能制造系统的应用中，它还支持人、计算机、材料、环境和信息的自主智能感知、互联、协作、学习、分析、预测、决策、控制和执行。

（5）安全管理和标准规范。安全管理和标准规范包括自主可控的安全防护系统，以确保用户识别、资源访问与智能制造系统的数据安全，并确保标准规范的智能化技术及对平台的访问、监督、评估。

2. 智能制造系统的技术体系

显然，智能制造系统是一种基于泛在网络及其组合的智能制造网络化服务系统，它集成了人、机、物、环境、信息，并为智能制造和随需应变服务在任何时间和任何地点提供资源与能力。它是基于"互联网（云）加上用于智能制造的资源和能力"的网络化智能制造系统，集成了人、机器和商品。典型的智能制造技术体系框架如图 1-12 所示。

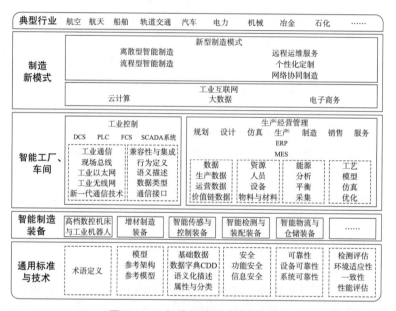

图 1-12　智能制造技术体系框架

（1）最底层是支撑智能制造、亟待解决的通用标准与技术。

（2）第二个层次是智能制造装备。这一层的重点不在于装备本体，而更应强调装备的统一数据格式与接口。

（3）第三个层次是智能工厂、车间。按照自动化与 IT 技术作用范围，划分为工业控制和生产经营管理两部分。工业控制包括 DCS、PLC、FCS 和 SCADA 系统等工控系统，在各种工业通信协议、设备行规和应用行规的基础上，实现设备及系统的兼容与集成。生产经营管理在 MES 和 ERP 的基础上，将各种数据和资源融入全生命周期管理，同时实现节能与工艺优化。

（4）第四个层次是制造新模式。通过云计算、大数据和电子商务等互联网技术，实现离散型智能制造、流程型智能制造、个性化定制、网络协同制造与远程运维服务等制造新模式。

（5）第五个层次是上述层次技术内容在典型离散制造业和流程工业的实现与应用。

3. 智能制造系统的主要技术群

智能制造主要由通用技术、智能制造平台技术、泛在网络技术、产品全生命周期智能制造技术及支撑技术组成，如图1-13所示。

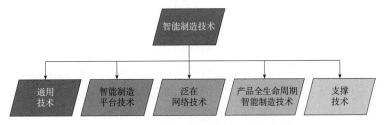

图1-13　智能制造系统的主要技术群

（1）通用技术。通用技术主要包括智能制造体系结构技术、软件定义网络（SDN）系统体系结构技术、空地系统体系结构技术、智能制造服务的业务模型、企业建模与仿真技术、系统开发与应用技术、智能制造安全技术、智能制造评价技术、智能制造标准化技术。

（2）智能制造平台技术。智能制造平台技术主要包括面向智能制造的大数据网络互联技术，智能资源及能力传感和物联网技术，智能资源及虚拟能力和服务技术，智能服务、环境建设、管理、操作、评价技术，职能知识、模型、大数据管理、分析与挖掘技术，智能人机交互技术及群体智能设计技术，基于大数据和知识的智能设计技术，智能人机混合生产技术，虚拟现实结合智能实验技术，自主决策智能管理技术和在线远程支持服务的智能保障技术。

（3）泛在网络技术。泛在网络技术主要由集成融合网络技术和空间空地网络技术组成。

（4）产品全生命周期智能制造技术。产品全生命周期智能制造技术主要包括智能云创新设计技术、智能云产品、设计技术、智能云生产设备技术、智能云操作与管理技术、智能云仿真与实验技术、智能云服务保障技术。

（5）支撑技术。支撑技术主要包括AI 2.0技术、信息通信技术（如基于大数据的技术、云计算技术、建模与仿真技术）、新型制造技术（如3D打印技术、电化学加工等）、制造应用领域的专业技术（航空、航天、造船、汽车等行业的专业技术）。

1.3.3　智能制造关键技术

1. 智能制造装备及其检测技术

在具体的实施过程中，智能生产、智能工厂、智能物流和智能服务是智能制造的四大主题，在智能工厂的建设方案中，智能装备是其技术基础，随着制造工艺与生产模式的不断变革，必然对智能装备中测试仪器、仪表等检测设备的数字化、智能化提出新的需求，

促进检测方式的根本变化。检测数据将是实现产品、设备、人和服务之间互联互通的核心基础之一，比如，机器视觉检测控制技术具有智能化程度高和环境适应性强等特点，在多种智能制造装备中得到了广泛的应用。

发展智能制造，智能设备的应用是基础。不同类型的企业，其智能设备不尽相同，大体可以分为高档数控机床、智能控制系统、机器人、3D打印系统、工业自动化系统、智能仪表设备和关键智能设备七个主要类别。以3D打印为例，它是目前数字化制造技术的典型代表，作为一种新兴智能化设备，3D打印机可以使用ABS、光敏树脂、金属等打印原料，实现计算机设计方案，无须传统工业生产流程，即可把数字化设计的产品精确打印出来。这一技术颠覆了传统产品的设计、销售和交付模式，使单件生产、个性化设计成为可能，使制造业不再沿袭多年的流水线制造模式，实现随时、随地、按不同个性需求进行生产。随着3D打印技术的不断进步，打印速度和效率不断得到提升，打印原料也不断实现多样化，如纳米材料、生物材料等，传统制造业模式将被彻底改变。

2. 工业大数据

工业大数据是智能制造的关键技术，主要作用是打通物理世界和信息世界，推动生产型制造向服务型制造转型。

制造业企业在实际生产过程中，总是努力降低生产过程的消耗，同时努力提高制造业环保水平，保证安全生产。生产的过程，实质上也是不断自我调整、自我更新的过程，同时还是实现全面服务个性化需求的过程。在这个过程中，会实时产生大量数据。依托大数据系统，采集现有工厂设计、工艺、制造、管理、监测、物流等环节的信息，实现生产的快速、高效及精准分析决策。这些数据综合起来，能够帮助人们发现问题、查找原因、预测类似问题重复发生的概率，帮助人们完成安全生产，提升服务水平，改进生产水平，提高产品附加值。

智能制造需要高性能的计算机和网络基础设施，传统的设备控制和信息处理方式已经不能满足需要。应用大数据分析系统，可以对生产过程数据进行分析处理。鉴于制造业已经进入大数据时代，智能制造还需要高性能计算机系统和相应网络设施。云计算系统提供计算资源专家库，通过现场数据采集系统和监控系统，将数据上传至云端进行处理、存储和计算，计算后能够发出云指令，对现场设备进行控制（如控制工业机器人）。

3. 数字制造技术及柔性制造、虚拟仿真技术

数字化就是制造不仅要有模型，还要能够仿真，这包括产品的设计、产品管理、企业协同技术等。总而言之，数字化就是智能制造的基础，离开了数字化就根本谈不上智能化。

柔性制造技术（Flexible Manufacturing Technology，FMT）是建立在数控设备应用基础上并正在随着制造企业技术进步而不断发展的新兴技术，它和虚拟仿真技术一起在智能制造的实现中，扮演着重要的角色。虚拟仿真技术包括面向产品制造工艺和装备的仿真、面向产品本身的仿真和面向生产管理层面的仿真。从这三方面进行数字化制造，才能实现制造产业的彻底智能化。

增强现实（Augmented Reality，AR）技术，它是一种将真实世界信息和虚拟世界信息"无缝"集成的新技术，是把原本在现实世界的一定时间空间范围内很难体验到的实体信息（视觉、声音、味道、触觉等信息）通过计算机等科学技术，模拟仿真后再叠加，将虚拟的信息应用到真实世界，被人类感官所感知，从而达到超越现实的感官体验。真实的环境和虚拟的物体实时地叠加到了同一个画面或空间而同时存在。增强现实技术，不但展现了真实世界的信息，而且将虚拟的信息同时显示出来，两种信息相互补充、叠加。增强现实技术包含了多媒体、三维建模、实时视频显示及控制、多传感器融合、实时跟踪及注册、场景融合等新技术与新手段。

4. 传感器技术

智能制造与传感器紧密相关。现在各式各样的传感器在企业里用得很多，有嵌入式的、绝对坐标式的、相对坐标式的、静止式的和运动式的，这些传感器是支持人们获得信息的重要手段。传感器用得越多，人们可以掌握的信息就越多。传感器很小，可以灵活配置，改变起来也非常方便。传感器属于基础零部件的一部分，它是工业的基石、性能的关键和发展的瓶颈。传感器的智能化、无线化、微型化和集成化是未来智能制造技术发展的关键之一。

当前，大型生产企业工厂的检测点分布较多，大量数据产生后被自动收集处理。检测环境和处理过程的系统化提高了制造系统的效率，降低了成本。将无线传感器系统应用于生产过程中，将产品和生产设施转换为活性的系统组件，以便更好地控制生产和物流，它们形成了信息物理相互融合的网络体系。无线传感网络分布于多个空间，形成了无线通信计算机网络系统，主要包括物理感应、信息传递、计算定位三个方面，可对不同物体和环境作出物理反应，例如温度、压力、声音、振动和污染物等。无线数据库技术是无线传感器系统的关键技术，包括查询无线传感器网络、信息传递网络技术、多次跳跃路由协议等。

5. 人工智能技术

人工智能是研发用于模拟、延伸和扩展人的智能的理论、方法、技术及应用系统的科学。它试图了解智能的实质，并生产出一种新的、能以与人类智能相似的方式作出反应的智能机器，该领域的研究包括机器人、语言识别、图像识别、自然语言处理和专家系统、神经科学等。

目前，人工智能和神经科学基本上还属于两个独立的学科领域，在相关领域的融合应用也处于初级阶段，但从长远看，两大领域相互交叉、融合与促进呈现必然之势。智能技术应用领域，包括深度学习在内的特征表现学习不断发展，催生了新型人工神经网络技术，开发出同时具备语音识别、图像处理、自然语言处理、机器翻译等能力的通用型人工智能技术。硬件设施缩小甚至隐形，虚拟现实应用领域进一步扩大；实现通过手势、表情及自然语言的双向人机互动，智能系统初步具有人的特性，可定制的智能助理将会出现；视觉处理、无人驾驶会有爆发式发展，无人驾驶汽车将会上路；概念性类脑智能机器人将会投入应用。

到 2030 年，神经科学和类脑人工智能将迎来第一轮重大突破，革新原有人工智能的算法基础，人类社会初步进入"强"人工智能时代。专家预测，在神经感知和神经认知理解方面将出现颠覆性成果，从而反哺、革新人工智能的原有算法基础，人类进入实质性类脑人工智能阶段。

到 2050 年，神经科学和类脑人工智能将迎来第二轮重大突破、类脑人工智能进入升级版，人类社会将全面进入"强"人工智能时代。专家预测，在情感、意识理解方面将出现颠覆性成果，类脑人工智能进入升级版，并将推动人类大脑的超生物进化，神经科学和类脑人工智能融为一体。

6. 射频识别和实时定位技术

射频识别是无线通信技术中的一种，通过识别特定目标应用的无线电信号，读写出相关数据，而不需要机械接触或光学接触来识别系统和目标。无线射频可分为低频、高频和超高频三种。而 RFID 读写器可分为移动式和固定式两种。射频识别标签贴附于物件表面，可自动远距离读取、识别无线电信号，可作为快速、准确记录和收集用具使用。RFID 技术的应用简化了业务流程，增强了企业的综合实力。

在生产制造现场，企业要对各类别材料、零件和设备等进行实时跟踪管理，监控生产中制品、材料的位置、行踪，包括相关零件和工具的存放等，这就需要建立实时定位管理体系。通常做法是将有源 RFID 标签贴在跟踪目标上，然后在室内放置 3 个以上的阅读器天线，这样就可以方便地对跟踪目标进行定位查询。

7. 信息物理系统

信息物理系统是一个综合计算、网络和物理环境的多维复杂系统，通过 3C（Computing、Communication、Control）技术的有机融合与深度协作，实现大型工程系统的实时感知、动态控制和信息服务，让物理设备具有计算、通信、精确控制、远程协调和自治等五大功能，从而实现虚拟网络世界与现实物理世界的融合。CPS 可以将资源、信息、物体及人紧密联系在一起，从而创造物联网及相关服务，并将生产工厂转变为一个智能环境。

信息物理系统取代了以往制造业的逻辑体系。在该系统中，一个工件能算出哪些服务是自己所需的，现有生产设施升级后，该生产系统的体系结构就被彻底改变了。这意味着现有工厂可通过不断升级得到改造，从而改变以往僵化的中央工业控制系统，转变成智能分布式控制系统，并应用传感器精确记录所处环境，使用生产控制中心独立的嵌入式处理器系统作出决策。CPS 系统作为这一生产系统的关键技术，在实时感知条件下，实现了动态管理和信息服务。CPS 被应用于计算、通信和物理系统的一体化设计中，其在实物中嵌入计算与通信的过程，使这种互动增加了实物系统使用功能。在美国，智能制造关键技术即信息物理技术，该技术也被德国称为核心技术，其主攻方向为将智能化应用与实际生产紧密联系起来。

8. 网络安全系统

数字化对制造业的促进作用得益于计算机网络技术的进步，但同时也给工厂网络埋下了安全隐患。随着人们对计算机网络依赖度的提高，自动化机器和传感器随处可见，将数据转换成物理部件和组件成了技术人员的主要工作内容。产品设计、制造和服务的整个过程都用数字化技术资料呈现出来，整个供应链所产生的信息又可以通过网络成为共享信息，这就需要对其进行信息安全保护。针对网络安全生产系统，可采用 IT 保障技术和相关的安全措施，例如设置防火墙、预防被入侵、扫描病毒仪、控制访问、设立黑白名单、加密信息等。

工厂信息安全是将信息安全理念应用于工业领域，实现对工厂及产品使用维护环节所涵盖的系统及终端进行安全防护。所涉及的终端设备及系统包括工业以太网、数据采集与监视控制（SCADA）系统、分布式控制系统（DCS）、过程控制系统（PCS）、可编程序控制器（PLC）、远程监控系统等网络设备及工业控制系统。应确保工业以太网及工业系统不被未经授权的访问所使用、泄露、中断、修改和破坏，从而为企业正常生产和产品正常使用提供信息服务。

9. 物联网及应用技术

智能制造系统的运行，需要物联网的统筹细化，通过基于无线传感网络、RFID、传感器的现场数据采集应用，利用无线传感网络对生产现场进行实时监控，将与生产有关的各种数据实时传输给控制中心，上传给大数据系统并进行云计算。为了能有效管理一个跨学科、多企业协同的智能制造系统，物联网是必需的。德国"工业 4.0"计划就推出了"工业物联网"的概念，从而实现制造流程的智能化升级。

10. 系统协同技术

系统协同技术包括大型制造工程项目复杂自动化系统整体方案设计技术、安装调试技术、统一操作界面和工程工具的协调技术、统一事件序列和报警处理技术、一体化资产管理技术等。

1.4　智能制造技术的发展、意义和前景

1.4.1　智能制造技术的发展

1. 美国

2008 年金融危机以来，美国为重振本国制造业，密集出台了多项政策文件，对未来的制造业发展进行了重新规划，体现了美国抢占新一轮技术革命领导权、通过发展智能制造重塑国家竞争优势的战略意图。美国 2011 年提出"先进制造业伙伴计划"（Advanced Manufacturing Partnership，AMP），通过规划加强先进制造布局，提高美国国家安全相关行业的制造业水平，保障美国在未来的全球竞争力。2012 年美国推出"先进制造业国家战略计划"（A National Strategic Plan for Advanced Manufacturing，2012），该计划的主要政策包括，为先进制造业提供良好的创新环境，促进先进制造技术规模的迅速扩大和市场渗透，促进公共和私人部门对先进制造技术基础设施进行投资等。在智能制造领域，美国在 2011 年

专门成立智能制造领导联盟(Smart Manufacturing Leadership Coalition，SMLC)，该联盟发表了《实施21世纪智能制造》(*Implementing 21st Century Smart Manufacturing*，2011)报告。该报告给出了智能制造企业框架，智能制造企业将融合所有方面的制造，从工厂运营到供应链，并且使得对固定资产、过程和资源的虚拟追踪横跨整个产品的生命周期。2012年，美国通用电气(GE)公司发布了《工业互联网：突破智慧和机器的界限》(*Industrial Internet: Pushing the Boundaries of Minds and Machines*，2012)，正式提出"工业互联网"概念。2017年，美国清洁能源智能制造创新研究院(CESMII)发布的《智能制造2017—2018路线图》指出，智能制造是一种制造方式，在2030年前后就可以实现。是一系列涉及业务、技术、基础设施及劳动力的实践活动，通过整合运营技术和信息技术的工程系统，实现制造的持续优化。该定义认为智能制造有四个维度，"业务"位于第一位，智能制造最终目标是持续优化。该路线图的目标之一就是在工业中推动智能制造技术的应用。2018年，发布《先进制造业美国领导力战略》，提出三大目标，开发和转化新的制造技术、培育制造业劳动力、提升制造业供应链水平。具体的目标之一就是大力发展未来智能制造系统，如智能与数字制造、先进工业机器人、人工智能基础设施、制造业的网络安全。2019年，发布《人工智能战略：2019年更新版》，为人工智能的发展制定了一系列的目标，确定了八大战略重点。

2. 德国

2008年国际金融危机之后，德国经济在2010年领先欧洲其他发达国家回升，其制造业出口贡献了国家经济增长的2/3，是德国经济恢复的重要力量。德国始终重视制造业发展并且专注于工业科技产品的创新和对复杂工业过程的管理。2010年，德国发布《高技术战略2020》，着眼于未来科技和全球竞争，并将工业4.0战略作为十大未来项目之一。德国提出的"工业4.0"也是在全球具有广泛影响的战略。2013年4月，德国发表了《保障德国制造业的未来——关于实施工业4.0战略的建议》(*Securing the future of German manufacturing industry: Recommendations for implementing the strategic initiative Industries* 4.0，2013)报告，正式推出了"工业4.0"战略。报告指出，德国在制造技术创新、复杂工业过程管理以及信息技术领域都表现出很高的水平和能力，在嵌入式系统和自动化工程方面也颇有建树，这些因素共同奠定了德国在制造行业的领军地位。2014年8月，出台《数字议程(2014—2017)》，这是德国《高技术战略2020》的十大项目之一，旨在将德国打造成数字强国。议程包括网络普及、网络安全及"数字经济发展"等方面。2019年11月，发布《德国工业战略2030》，主要内容包括改善工业基地的框架条件、加强新技术研发和调动私人资本、在全球范围内维护德国工业的技术主权。德国认为当前最重要的突破性创新是数字化，尤其是人工智能的应用。要强化对中小企业的支持，尤其是数字化进程。

3. 英国

2011年12月，英国政府提出"先进制造业产业链倡议"，支持范围不仅包括汽车、飞机等传统产业，还包括在全球领先的可再生能源和低碳技术等领域，政府计划投资1.25亿英镑，打造先进制造业产业链，从而带动制造业竞争力的恢复。随着新科学技术、新产业形态的不断涌现，传统制造模式和全球产业格局都发生了深刻的变化，英国政府于2012

年1月启动了对未来制造业进行预测的战略研究项目。该项目是定位于2050年英国制造业发展的一项长期战略研究，通过分析制造业面临的问题和挑战，提出英国制造业发展与复苏的政策。2013年10月，英国政府科技办公室发布报告《未来制造业：一个新时代给英国带来的机遇与挑战》。报告认为制造业并不是传统意义上的"制造之后进行销售"，而是"服务＋再制造（以生产为中心的价值链）"，并在通信、传感器、发光材料、生物技术、绿色技术、大数据、物联网、机器人、增材制造、移动网络等多个技术领域开展布局，从而形成智能制造的格局。2014年，英国商业、创新和技能部发布了《工业战略：政府与工业之间的伙伴关系》，旨在增强英国制造业的竞争性，促使其可持续发展，并减少未来的不确定性。报告分析了当前产业现状，明确了重点扶持领域及前沿技术，提出通过创新平台，加强创新研发与工业的衔接，并且提出完善技能培训体系，支持高成长性的小企业进行技术创新，激励商业合作创新，建立公平、透明的政府采购体系等多项政策措施，重点支持大数据、高能效计算、卫星及航天商业化、机器人与自动化、先进制造业等多个重大前沿产业领域。2017年10月，英国发布《国家增材制造战略（2018—2025）》，拟以增材制造为突破口，解决英国脱欧的经济挑战，推动英国以航空、航天为代表的高端制造业的发展。

4. 日本

早在1990年6月，日本通产省就提出了智能制造研究的十年计划，并联合欧洲共同体委员会、美国商务部协商共同成立IMS（智能制造系统）国际委员会。2004年，日本制定了《新产业创造战略》，其中将机器人、信息家电等作为重点发展的新兴产业。日本2013年版《制造业白皮书》将机器人、新能源汽车及3D打印等作为今后制造业发展的重点领域；2014年和2015年连续发布了《机器人白皮书》和《机器人新战略》，后者提出机器人发展的三核心目标，即"世界机器人创新基地""世界第一的机器人应用国家""迈向世界领先的机器人新时代"。2014年版《制造业白皮书》中指出，日本制造业在发挥IT作用方面落后于欧美，建议日本转型为利用大数据的"下一代"制造业。2017年3月，日本明确提出"互联工业"的概念，在《制造业白皮书（2018）》中，日本经产省调整了工业价值链计划是日本战略的提法，明确了"互联工业"是日本制造的未来。2019年，日本决定开放限定地域内的无线通信服务，通过推进地域版5G，鼓励智能工厂的建设。

5. 中国

为适应工业化进入后期阶段的发展特征，应对新科技革命和产业变革的挑战，近年来，我国中央政府、地方政府和企业都制定、实施了一系列促进智能制造和智能制造产业发展的战略、政策和具体措施，以推动智能制造的发展和普及。中央政府连续出台政策力推智能制造，国家层面智能制造战略框架逐渐清晰完善。2010年10月，国务院发布《关于加快培育和发展战略性新兴产业的决定》，明确提出要加大培育和发展高端装备制造产业等七大战略性新兴产业，并将智能制造装备列为高端装备制造产业的重点方向之一。2012年5月，工业和信息化部发布《高端装备制造业"十二五"发展规划》，指出在智能制造装备领域将重点发展智能仪器仪表与控制系统、关键基础零部件、高档数控机床与基础制造装备、重大智能制造成套装备等四大类产品。2012年3月27日，科技部发布《智能制造科技发展"十二五"专项规划》，布局了基础理论与技术研究、智能化装备、制造过程智能化成套技术与装备、智能制造基础技术与部件、系统集成与重大示范应用等五项重点任务。从2011年到2014年连续四年，国家发展和改革委员会同财政部、工业和信息化部共同实施《智能制造装备发展专项》，重点突破以自动控制系统、工业机器人、伺服和执行部件为代表的智能装置，加大对智能制造的金融财税政策支持力度。2015年3月，工业和信息化部启动智能制造试点示范专项行动，并且部署了智能制造综合标准化体系建设。2015年5月19日，我国发布了《中国制造2025》报告，指出当前各国都在加大科技创新力度，推动3D打印、云计算、移动互联网、生物工程、新能源、新材料等领域的突破和创新。智能制造正在引领制造方式的变革，我国制造业转型升级、创新发展迎来重大机遇。从现在到2035年，是中国制造业实现由大到强转变的关键时期，也是制造业发展质量变革、效率变革、动力变革的关键时期。在这期间，我国的智能制造发展总体将分成两个阶段来实现。第一是数字化转型阶段，要深入推进"制造业数字化转型重大行动"。到2027年，规上企业基本实现数字化转型，数字化制造在全国工业企业基本普及；同时，新一代智能制造技术的科研和攻关取得突破性进展，试点和示范取得显著成效。第二是智能化升级阶段，深入推进"制造业智能化升级重大行动"。到2035年，规上企业基本实现智能化升级，数字化、网络化、智能化制造在全国工业企业基本普及，我国智能制造技术和应用水平走在世界前列，中国制造业智能升级走在世界前列。

1.4.2 智能制造技术的意义

发展智能制造的核心是提高企业生产效率，拓展企业价值增值空间，主要表现在以下几个方面：

一是缩短产品的研制周期。通过智能制造，产品从研发到上市、从下订单到配送的时间得以缩短。通过远程监控和预测性维护为机器和工厂减少停机时间和频次，生产中断时间也不断减少。

二是提高生产的灵活性。通过采用数字化、互联和虚拟工艺规划，智能制造可以实现大规模批量定制生产，乃至个性化小批量生产。

三是创造新价值。通过发展智能制造，企业将实现从传统的"以产品为中心"向"以集成服务为中心"的转变，将重心放在解决方案和系统层面上，利用服务在整个产品生命周期中实现新价值。

智能制造技术已成为世界制造业发展的客观趋势，世界上主要工业发达国家正在大力推广和应用。发展智能制造既符合我国制造业发展的内在要求，又是重塑我国制造业新优势、实现转型升级的必然选择。

1. 智能制造产业备受各国政府关注，发展前景广阔

当今，工业发达国家始终致力于以技术创新引领产业升级，更加注重资源节约、环境友好、可持续发展，智能化、绿色化已成为制造业发展的必然趋势，智能制造产业的发展

将成为世界各国竞争的焦点。后金融危机时代，美国、英国等发达国家的"再工业化"，重新重视发展高技术的制造业；德国、日本竭力保持在智能制造产业领域的优势和垄断地位；韩国也力求跻身世界制造强国之列。

我国已具备发展智能制造业的产业基础，取得了一大批相关的基础研究成果。掌握了曾长期制约我国产业发展的智能制造相关技术，如机器人技术、感知技术、复杂制造系统、智能信息处理技术等；攻克了一批长期严重依赖并影响我国产业安全的核心高端装备，如盾构机、自动化控制系统、高档数控机床等；建设了一批相关的国家级研发基地；培养了一大批长期从事相关技术研究开发工作的高技术人才。国家对智能制造的扶持力度不断加大。近年来，我国对智能制造的发展也越来越重视，越来越多的研究项目成立，研究资金也大幅度增加。

2. 国内智能制造的国产化率低，关键软硬件的核心部件仍依赖国外进口产品

当前，我国制造业面临来自发达国家加速重振制造业与发展中国家以更低生产成本承接国际产业转移的"双向挤压"。我国必须加快推进智能制造技术研发，提高其产业化水平，以应对传统低成本优势削弱所带来的挑战。虽然我国智能制造技术已经取得长足进步，但产业化水平依然较低，高端智能制造装备及核心零部件（如 PLC、工业软件）仍然严重依赖进口，关键技术主要依靠国外的状况仍未从根本上改变。部分行业以劳动密集型为主，附加值不高。目前，尽管中国制造业的技术创新有所提高，但自主开发能力仍较薄弱，研发投入总体不足，缺少自主知识产权的高新技术，缺乏世界一流的研发资源和技术知识，对国外先进技术的消化、吸收、创新不足，基本上没有掌握新产品开发的主动权。

3. 国内智能制造信息安全水平低下

我国智能制造行业信息安全防护手段比较单一，比如：在生产车间仅靠简单的网络物理隔离防范网络攻击；在信息化系统上主要依靠软件防火墙，计算机病毒等问题仍然时有发生。随着我国信息化和工业化的不断融合，工业控制系统作为智能制造装备和重要基础设施的核心，其安全可靠性尤为重要。目前，由于越来越多的工业控制系统与外网相连，加之智能制造系统的高端市场和核心技术受制于国外，安全保障措施和专业测评工具缺乏，我国的智能制造系统面临着严重的安全威胁。如果这些问题得不到妥善解决，势必会影响我国信息化和现代化的进程。

4. 国内制造业质量成本过高，亟须进行智能制造业务的发展，打造智能工厂

一方面，生产过程的自动化程度较低，大部分工序仍由人工靠手工完成，产品质量对工人个人技术水平的依赖度高，人的疲劳、情绪、压力等都会使产品质量（尤其是精密零部件的加工）产生波动；另一方面，数据采集系统不完善、缺少车间生产管理系统，生产问题的反馈滞后，造成不必要的浪费。

1.4.3　智能制造技术的应用前景

智能制造是实现整个制造业价值链的智能化和创新，是信息化与工业化深度融合的进

一步提升。智能制造融合了信息技术、先进制造技术、自动化技术和人工智能技术。智能制造包括开发智能产品、应用智能装备、自底向上建立智能产线、构建智能车间、打造智能工厂、践行智能研发、形成智能物流和供应链体系、开展智能管理、推进智能服务、最终实现智能决策。

目前智能制造的"智能"还处于"Smart"的层次，智能制造系统具有数据采集、数据处理、数据分析的能力，能够准确执行指令，能够实现闭环反馈；而智能制造的趋势是真正实现"Intelligent"，智能制造系统能够实现自主学习、自主决策，不断优化。

在智能制造的关键应用技术当中，智能产品与智能服务可以帮助企业进行商业模式的创新；智能装备、智能产线、智能车间及智能工厂，可以帮助企业实现生产模式的创新；智能研发、智能管理、智能物流与供应链则可以帮助企业实现运营模式的创新；智能决策则可以帮助企业实现科学决策。

1. 智能产品

智能产品通常包括机械、电气和嵌入式软件，一般具有记忆、感知、计算和传输功能。典型的智能产品包括智能手机、智能可穿戴设备、无人机、智能汽车、智能家电、智能售货机等。

2. 智能服务

智能服务基于传感器和物联网(IoT)，可以感知产品的状态，从而进行预防性维修维护，及时帮助客户更换备品备件，甚至可以通过了解产品运行的状态，帮助客户创造商业机会，还可以采集产品运营的大数据，辅助企业进行市场营销的决策。此外，企业通过开发面向客户服务的 App，也是一种智能服务的手段，可以依据企业购买的产品提供有针对性的服务，从而锁定用户，开展服务营销。

3. 智能装备

制造装备经历了从机械装备到数控装备，目前正在逐步发展为智能装备。智能装备具有检测功能，可以实现在机检测，从而补偿加工误差，提高加工精度，还可以对热变形进行补偿。以往一些精密装备对环境的要求很高，现在由于有了闭环的检测与补偿，可以降低对环境的要求。智能装备的特点是可将专家的知识和经验融入感知、决策、执行等制造活动中，赋予产品制造在线学习和知识进化的能力。

4. 智能产线

很多行业的企业高度依赖自动化生产线，比如钢铁、化工、制药、食品饮料、烟草、芯片制造、电子组装、汽车整车和零部件制造等，都实现了自动化的加工、装配和检测。一些机械标准件生产也应用了自动化生产线，比如轴承。但是，装备制造企业目前还是以离散制造为主。很多企业的技术改造重点就是建立自动化生产线、装配线和检测线。美国波音公司的飞机总装厂已建立了 U 形的脉动式总装线。自动化生产线可以分为刚性自动化生产线和柔性自动化生产线，柔性自动化生产线一般建立了缓冲。为了提高生产效率，工业机器人、吊挂系统在自动化生产线上应用越来越广泛。典型的智能产线具有如下特点：

①在生产和装配过程中，能够通过传感器或 RFID 自动进行数据采集，并通过电子看板显示实时的生产状态。②能够通过机器视觉和多种传感器进行质量检测，自动剔除不合格品，并对采集的质量数据进行统计分析，找出质量问题的成因。③支持多种相似产品的混线生产和装配，可灵活调整工艺，适应小批量、多品种的生产模式。④具有柔性，如果生产线上有设备出现故障，能够调整到其他设备生产。⑤针对人工操作的工位，能够给予智能的提示。

5. 智能车间

一个车间通常有多条生产线，这些生产线要么生产相似零件或产品，要么有上下游的装配关系。要实现车间的智能化，需要对生产状况、设备状态、能源消耗、生产质量、物料消耗等信息进行实时采集和分析，达到高效排产和合理排班，显著提高设备利用率（OEE）。

6. 智能工厂

一个工厂通常由多个车间组成，大型企业有多个工厂。作为智能工厂，不仅生产过程应实现自动化、透明化、可视化、精益化；同时，产品检测、质量检验和分析、生产物流也应当与生产过程实现闭环集成。一个工厂的多个车间之间要实现信息共享、准时配送、协同作业。一些离散制造企业也建立了类似流程制造企业那样的生产指挥中心，对整个工厂进行指挥和调度，及时发现和解决突发问题，这也是智能工厂的重要标志。智能工厂必须依赖无缝集成信息系统的支撑，主要包括 PLM、ERP、CRM、SCM 和 MES 五大核心系统。大型企业的智能工厂需要应用 ERP 系统制定多个车间的生产计划（Production Planning，PP），并由 MES 系统根据各个车间的生产计划进行详细排产（Production Scheduling，PS）。

7. 智能研发

离散制造企业在产品研发的很多方面已经应用了 CAD、CAM、CAE、CAPP、EDA 等工具软件和 PDM、PLM 系统，但是很多企业应用这些软件的水平并不高。企业要开发智能产品，需要机电等较多学科的协同配合；要缩短产品研发周期，需要深入应用仿真技术，建立虚拟数字化样机，实现多学科仿真，通过仿真减少实物试验；需要贯彻标准化、系列化、模块化的思想，以支持大批量客户定制或产品个性化定制；需要将仿真技术与试验管理结合起来，以提高仿真结果的置信度。

8. 智能管理

制造企业核心的运营管理系统还包括人力资产管理系统（HCM）、客户关系管理系统（CRM）、企业资产管理系统（EAM）、能源管理系统（EMS）、供应商关系管理系统（SRM）、企业门户（EP）、业务流程管理系统（BPM）等，国内企业也把办公自动化（OA）作为一个核心信息系统。为了统一管理企业的核心主数据，近年来主数据管理（MDM）也在大型企业开始部署应用。实现智能管理和智能决策，最重要的条件是基础数据准确和主要信息系统无缝集成。智能管理主要体现在与移动应用、云计算和电子商务的结合上。

9. 智能物流与供应链

制造企业内部的采购、生产、销售流程都伴随着物料的流动，因此，越来越多的制造企业在重视生产自动化的同时，也越来越重视物流自动化，自动化立体仓库、无人引导小车(AGV)、智能吊挂系统等得到了广泛的应用；而在制造企业和物流企业的物流中心，智能分拣系统、堆垛机器人、自动辊道系统的应用日趋普及。仓储管理系统(WMS)和运输管理系统(TMS)也受到制造企业和物流企业的普遍关注。

10. 智能决策

企业在运营过程中，产生了大量的数据。一方面，来自各个业务部门和业务系统产生的核心业务数据，比如合同、回款、费用、库存、现金、产品、客户、投资、设备、产量、交货期等数据，这些数据一般是结构化的数据，可以进行多维度的分析和预测，这就是业务智能(Business Intelligence，BI)技术的范畴，也称为管理驾驶舱或决策支持系统。另一方面，企业可以应用这些数据提炼出企业的关键绩效指标(KPI)，并与预设的目标进行对比；同时，对KPI进行层层分解，以此对干部和员工进行考核，这就是企业绩效管理(Enterprise Performance Management，EPM)的范畴。

新一代智能制造技术的理论研究还处于起步阶段，但国内外已经有许多企业或研究单位对这些制造模式进行了初步的应用。

第 2 章　智能制造技术

2.1　智能检测技术

随着工业自动化技术的迅猛发展，智能检测技术被广泛地应用在工业自动化、化工、军事、航天、通信、医疗、电子等行业，是自动化科学技术的一个十分重要的分支科学。众所周知，智能检测技术是在仪器仪表的使用、研制、生产的基础上发展起来的一门综合性技术。智能检测系统广泛应用于各类产品的设计、生产、使用、维护等各个阶段，对提高产品性能及生产率、降低生产成本及整个生产周期成本起着重要作用。

2.1.1　智能检测技术的概念与特点

检测和检验是制造过程中最基本的活动之一。通过检测和检验活动提供产品及其制造过程的质量信息，按照这些信息对产品的制造过程进行修正，使废次品与返修品率降至最低，保证产品质量形成过程的稳定性及产出产品的一致性。

智能检测技术指能自动获取信息，并利用有关知识和策略，采用实时动态建模在线识别、人工智能、专家系统等技术，对被测对象（过程）实现检测、监控、自诊断和自修复的技术。由传感技术、微电子技术、计算机技术、信号分析与处理技术、数据通信技术、模式识别技术、可靠性技术、抗干扰技术、人工智能技术等的综合和应用，构成了智能检测技术。

智能检测技术可以减少人们对检测结果有意或无意的干扰，减轻人员的工作压力，从而保证了被检测对象的可靠性。智能检测技术主要有两方面职责，一方面，通过自动检测技术可以直接得出被检测对象的数值及其变化趋势等内容；另一方面，将自动检测技术直接测得的被检测对象的信息纳入考虑范围，从而制定相关决策。

2.1.2　智能检测系统的组成

智能检测系统主要由传感器、信号采集调理系统、计算机、基本 I/O 系统、交互通信系统、控制系统等组成，如图 2-1 所示。

传感器是智能检测系统的信息来源，是能够感受规定的被测量，并按照一定的规律转换成可用输出信号的器件或装置。

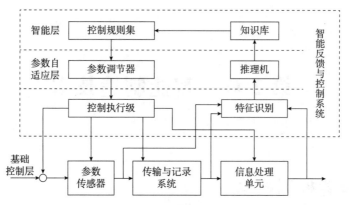

图 2-1 智能检测系统

信号采集调理系统接收和采集来自传感器的各种信号和信息，经过计算分析和判断处理，输出相应信号给计算机。信号采集调理系统的硬件主要包括前置放大器、抗混叠低通滤波器、采样/保持器和多路模拟开关、程控放大器、A/D 转换器等。输入按输入信号的不同可分为模拟量输入和数字量输入。模拟量输入是检测系统中最常用的也是最复杂的，被测信号经传感器拾取后变成电信号，再经信号采集调理系统对输入信号进行放大、滤波、非线性补偿、阻抗匹配等功能性调节后送入计算机。数字量输入则通过通道测量，采集各种状态信息，将这些信息转换为字节或字的形式后输入计算机。由于信号可能存在瞬时高压、过电压、噪声及触点抖动，因此数字输入电路通常包括信号转换、滤波、过压保护、电隔离及消除抖动等电路，以消除这些因素对信号的影响。

计算机是整个智能检测系统的核心，对整个系统起监督、管理、控制作用，同时进行复杂信号的处理、控制决策、产生特殊的检测信号、控制整个检测过程等。此外，利用计算机强大的信息处理能力和高速的运算能力，可实现命令识别、逻辑判断、非线性误差修正、系统动态特性的自校正以及系统自学习、自适应、自诊断、自组织等功能，智能检测系统通过机器学习、人工神经网络、数据挖掘等人工智能技术，可实现环境识别处理和信息融合，从而达到高级智能化水平。

基本 I/O 系统用于实现人机对话、输入或修改系统参数、改变系统工作状态、输出测试结果、动态显示测控过程以及以多种形式输出、显示、记录、报警等功能。

交互通信系统用于实现与其他仪器仪表等系统的通信与互联。依靠交互通信系统可根据实际问题的需求，灵活构造不同规模、不同用途的智能检测系统，如分布式测控系统、集散型测控系统等。通信接口的结构及设计方法与采用的总线技术、总线规范有关。

控制系统实现对被测对象、被测试组件、测试信号发生器，甚至对系统本身和测试操作过程的自动控制。根据实际需要，大量接口以各种形式存在于系统中，接口的作用是完成与它所连接的设备之间的信号转换（如进行信号功率匹配、阻抗匹配、电平转换和匹配）和交换、信号（如控制命令、状态数据信号、寻址信号等）传输，信号拾取，以及对信号进行必要的缓冲或锁存，以增强智能检测系统的功能。

2.1.3　智能检测系统中的传感器

传感器作为智能检测系统的主要信息来源，其性能决定了整个检测系统的性能。传感器技术是关于传感器的设计、制造及应用的综合技术，它是信息技术(传感与控制技术、通信技术和计算机技术)的三大支柱之一。传感器的工作原理多种多样，种类繁多，近年来随着新技术的不断发展，涌现了各种类型的新型智能传感器，使传感器不仅有视觉、嗅觉、触觉、味觉、听觉的功能，还具有存储、逻辑判断和分析等人工智能，从而使传感器技术提高到了一个新的水平。

1. 常用传感器

(1)应变式传感器：利用电阻应变效应将被测量转换成电阻的相对变化的一种装置，它是目前最常用的一种测量力和位移的传感器，在航空、船舶、机械、建筑等领域里获得了广泛应用。

(2)电感式传感器：利用电磁感应原理将被测量转换成电感量变化的一种装置，其广泛应用于位移测量以及能转换成位移的各种参量(如压力、流量、振动、加速度、密度、材料损伤等)的测量。其中，电涡流式电感传感器还可进行非接触式连续测量。这种传感器能实现信息的远距离传输、记录、显示和控制，在工业自动控制系统中被广泛采用。

(3)电容式传感器：将被测量转换成电容量变化的一种装置，其广泛应用于压力、差压、液位、振动、位移、加速度、成分含量等方面的测量。

(4)压电式传感器：利用某些材料的压电效应将力转变为电荷或电压输出的一种装置，其在各种动态力、机械冲击与振动测量，以及声学、医学、力学、宇航等方面得到了非常广泛的应用。

(5)磁电式传感器：通过电磁感应原理将被测量转换为电信号的一种装置，其广泛应用于电磁、压力、加速度、振动等方面的测量。

(6)光电式传感器：利用光电元件将光能转换成电能的一种装置。这种装置，可用于检测许多非电量。由于光电式传感器响应快、结构简单、使用方便，而且具有较高的可靠性，因此在检测、自动控制及计算机等方面应用非常广泛。

(7)热电式传感器：将温度转换成电量的装置，包括电阻式温度传感器、热电偶传感器、集成温度传感器等。热电偶传感器是工程上应用最广泛的温度传感器，其构造简单，使用方便，具有较高的准确度、稳定性及复现性，温度测量范围宽，动态性能好，在温度测量中占有重要的地位。

(8)超声波传感器：利用超声波的传播特性进行工作，已广泛应用于超声波探伤及液位、厚度等的测量。超声波探伤是无损探伤的重要工具之一。

2. 智能传感器

智能传感器集成了微处理器，具有检测、判断、信息处理、信息记忆和逻辑思维等功能。它主要由传感器、微处理器及相关电路组成，如图2-2所示。微处理器能按照给定的程序对传感器实施软件控制，把传感器从单一功能变成多功能，具有自诊断、自校准、

图 2-2 智能传感器

自适应性功能；能够自动采集数据，并对数据进行预处理；能够自动进行检验、自选量程、自寻故障等。

智能传感器与传统的传感器相比具有以下特点：

（1）扩展了测量范围和功能，组态功能可实现多传感器、多参数综合测量。

（2）具有逻辑判断、信息处理功能，可对检测数据进行分析、修正和误差补偿，大大提高了测量精度。

（3）具有自诊断、自校准、自适应性以及数据存储功能，能够进行选择性的测量，并能排除外界的干扰，提高了测量的稳定性和可靠性。

（4）在相同精度的需求下，多功能智能传感器与单一功能普通传感器相比，性价比明显提高。

（5）具有数据通信接口，能够直接将数据输入远程计算机进行处理，具有多种数据输入形式，适配各种应用系统。

智能传感器是微电子技术、计算机技术和自动测试技术的结晶，其特点是能输出测量数据及相关的控制量，适配各种微控制器。它是在硬件的基础上通过软件来实现检测功能，软件在智能传感器中占据重要地位，智能传感器通过各种软件对测量过程进行管理和调节，使之工作在最佳状态，并对传感器测量数据进行各种处理和存储，提高了传感器性能指标。智能传感器的智能化程度与软件的开发水平成正比，利用软件能够实现硬件难以实现的功能，以软件代替了部分硬件，降低了传感器的制造难度。

2.1.4　智能检测系统中的硬件

典型的智能检测系统硬件包括传感器、前置放大器、抗混叠低通滤波器、采样/保持电路和多路开关、A/D 转换器、RAM、EPROM、调理电路控制器、信息总线等。

前置放大器的主要作用是将来自传感器的低电压信号放大到系统所要求的电压，同时可以提高系统的信噪比，减少外界干扰。

抗混叠低通滤波器用以滤除信号中的高频分量。由采样定理可知，当采样频率小于有用信号频带上限频率的二倍时，采样信号的频谱将产生频谱重叠现象，造成信号失真。一般采用抗混叠滤波器滤除采样频率大于最高频率 3~5 倍的高频分量。

检测系统中常用的 A/D 转换器主要有逐次比较式 A/D 转换器、双积分式 A/D 转换器和 Σ-Δ 式 A/D 转换器。逐次比较式 A/D 转换器在精度、速度和价格上都比较适中，是最常用的 A/D 转换器。双积分式 A/D 转换器具有精度高、抗干扰性好、价格低廉等优点，与逐次比较式 A/D 转换器相比，转换速度较慢，近年来在单片机应用领域中得到了广泛应用。Σ-Δ 式 A/D 转换器兼具双积分式 A/D 转换器与逐次比较式 A/D 转换器的优点，它对工业现场的串模干扰具有较强的抑制能力，并且有着比双积分式 A/D 转换器更快的转换速度，与逐次比较式 A/D 转换器相比，有较高的信噪比，分辨率高，线性度好，且不需要采样/保持电路。由于上述优点，$\Sigma-\Delta$ 式 A/D 转换器逐渐得到了应用，已有多种 $\Sigma-\Delta$ 式 A/D 转换芯片可供用户选用。A/D 转换器按照输出数字量的有效位数分为 4 位、8 位、10 位、12 位、14 位、16 位并行输出，以及 3 位半、4 位半、5 位半 BCD 码输出等多种形式。

A/D 转换器完成一次完整的转换过程是需要时间的，因此对变化速度较快的模拟信号来说，如果不采取相应措施，将引起转换误差。为此在 A/D 转换器之前需要接入一个采样/保持电路，在通道切换前，使其处于采样状态，在切换后的 A/D 转换周期内使其处于保持状态，以保证在 A/D 转换期间传输到 A/D 转换器的信号不变。目前有不少 A/D 转换芯片内部集成了采样/保持电路。

调理电路控制器是智能检测系统的控制中枢，计算机则是系统中的决策中枢。调理电路控制器接收来自计算机的控制信息并通过信息总线和信息接口向系统中的各个功能模块发出控制命令，同时系统中 A/D 转换器的输出数据也要通过信息总线和信息接口实时地传输到计算机中。

2.1.5 智能检测系统中的软件

1. 软件组成

智能检测系统中的软件取决于智能检测系统的硬件支持和检测功能的复杂程度。智能检测系统中的软件按功能一般可包括数据采集、数据处理、数据管理、系统控制、系统管理、网络通信、虚拟仪器等。

数据采集软件有初始化系统、收集实验信号与采集数据等功能，将所需的数据参数提取至检测系统中。

数据处理软件将数据进行实时分析、信号处理、识别分类，包括对数据进行数字滤波、去噪、回归分析、统计分析、特征提取、智能识别、几何建模与仿真等功能模块。

数据管理软件包括对采集数据进行显示、打印、存储、回放、查询、浏览、更改、删除等功能模块。

系统控制软件可根据预定的控制策略，通过控制参数设置，进而实现控制整个系统。控制软件的复杂程度取决于系统的控制任务。计算机控制任务按设定值性质可分为恒值调节、伺服控制和程序控制三类。常见的控制策略有程序控制、PID 控制、前馈控制、最优控制与自适应控制等。

系统管理软件包括系统配置、系统功能测试诊断、传感器标定校准功能模块等。其中系统配置软件对配置的实际硬件环境进行一致性检查，建立逻辑通道与物理通道的映射关系，生成系统硬件配置表。

2. 虚拟仪器

随着计算机技术的高速发展，传统仪器开始向计算机化发展，以计算机为核心，计算机软件技术与测试软件系统的有机结合，产生了虚拟仪器，如图2-3所示的虚拟示波器。美国国家仪器公司NI在20世纪80年代提出了虚拟仪器的概念，它是指通过应用程序将通用计算机与功能化硬件结合起来，用户可通过友好的图形界面来操作这台计算机，就像在操作自己定义和设计的一台单个仪器一样，从而完成对被测量的采集、分析，判断、显示、数据存储等。与传统仪器一样，虚拟仪器同样划分为数据采集、数据分析处理、显示结果三大功能模块。虚拟仪器以透明方式把计算机资源与仪器硬件的测试功能相结合，实现仪器的功能运作。

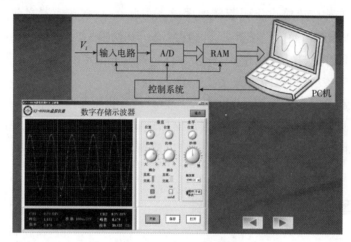

图2-3 虚拟示波器

虚拟仪器具有如下优点：

(1)性价比较高。基于通用个人计算机的虚拟仪器和仪器集成系统，可以实现多种仪器共享计算机资源，从而大大增强了仪器功能，并且降低了仪器成本。

(2)开放系统。用户能根据测控任务，随心所欲地组成仪器或系统。仪器扩充和升级十分简便，配置新的测试功能模板甚至无须改变硬件，只需将应用模块化的软件包重新搭配，便可构成新的虚拟仪器。

(3)智能化程度高。虚拟仪器是基于计算机的仪器，其软件具有强大的分析、计算、逻辑判断功能，可以在计算机上建立一个智能专家系统。

(4)界面友好，使用简便。数台仪器及仪器功能显示于虚拟仪器面板上，用鼠标即可完成一切操作、人机界面模板友好。仪器功能选择、参数设置、数据处理、结果显示等均能通过友好对话进行。

(5)虚拟仪器在使用中，人们可以随时获得计算机给予的帮助和提示信息。

2.1.6 智能检测方法

1. 基于支持向量机的智能检测

对检测样本数据进行训练并寻找规律，利用这些规律对输出的数据或者无法观测的数据进行预测是基于统计学的基本思想。传统的统计学研究的内容是样本趋于无穷大时的渐进理论，即当样本数趋于无穷大时的极限特征，而在基于传感器的智能检测中样本数量通常是有限的，因此，这时候就需要一种能够很好地处理小样本数据的统计学方法。支持向量机（Support Vector Machines，SVM）是 Vapnik 等人根据统计学理论中结构最小风险化原则提出的。SVM 具有严格的数学理论基础、直观的几何解释和良好的泛化能力，能够提高学习机的推广能力，在处理小样本数据时具有独特的优点，弥补了传统统计学的不足，由有限数据集得到的判别函数用于独立的测试集，仍然能够得到较小的误差。不仅如此，与统计学中的另一种主流方法神经网络相比，SVM 避免了神经网络中的局部最优解和拓扑结构难以确定的问题，并有效克服了维度灾难，也被逐渐应用到智能检测、信号处理等领域。

2. 基于神经网络的智能检测

神经网络技术是国际上从 20 世纪 80 年代中期以来迅速发展和崛起的一个新研究领域，成为当今的一个研究热点。关于它的研究包括理论、模型、实现和应用等各个方面，目前已经取得了较大的成果。其中，神经网络技术在信号处理领域中的应用更引人注目，特别是在目标识别、图像处理、语音识别、自动控制、通信等方面有极为广阔的应用前景，并有望取得重大的突破。

在信号处理领域，无论是信号的检测、识别、变换，还是滤波、建模与参数估计，都是以传统的数字计算机为基础的。由于这种计算是基于串行程序的原理和特征，使得它在信号处理的许多领域中很难发挥作用。例如，信号检测、估计与滤波中，要求的最优处理与需要的运算量之间存在着很大的矛盾，也就是说，要达到最优处理性能，需要完成的计算量通常大到不可接受的地步。为此，人们就期望着有一种新的理论和技术来解决诸如此类的问题。神经网络技术就是在对人类大脑信息处理研究成果的基础上提出来的。利用神经网络的高度并行运算能力，就可以实现难以用数字计算机实现的最优信号处理。神经网络不仅是信号处理的有效工具，而且也是一种新的方法论。

目前，在智能检测领域中广泛开展了对神经网络的深入研究，主要应用包括实时控制、故障诊断、参数估计、传感器模型、模式识别与分类、环境监测与治理、光谱与化学分析等。在实际智能检测系统中，传感器的输出特性不仅是目标参量的函数，它还受到环境参量的影响，而且参量之间常常存在着交互作用，这使得传感器的输出大都为非线性并存在静态误差，从而影响了测量精度。

采用神经网络进行多传感器数据融合的智能压力传感器系统由传感器模块和神经网络模块两大部分组成。

神经网络误差修正方法的步骤如下：

(1) 采集被测压力 p 和工作环境温度 T 以及电流波动 γ，并通过传感器将它们分别转换成 u、u_T 和 u_I。

(2) 对这些原始数据进行归一化处理，使其在 $[0，1]$，这些数据构成网络的训练样本。

(3) 初始化网络，确定网络参数。

(4) 训练网络，直至满足要求为止。

3. 基于深度学习的智能检测

深度学习（Deep Learning，DL）是机器学习的分支，是一种以人工神经网络为架构，对数据进行表征学习的算法。观测值（如一幅图像）可以使用多种方式来表示，如每个像素强度值的向量，或者更抽象地表示成一系列边、特定形状的区域等，而使用某些特定的表示方法更容易从实例中学习任务（如人脸识别或面部表情识别）。随着云计算、大数据时代的到来，强大的计算机运算能力解决了深度学习训练效率低的问题，训练数据的大幅增加则降低了过拟合风险。因此，深度学习也开始受到人们的关注，并且在智能检测、图像处理等方面具有优越的性能。本节主要介绍深度学习的一些基础知识，并介绍深度学习在智能检测中应用的例子。

典型的深度学习模型就是深度神经网络，例如深度置信网络（Deep Belief Network，DBN）、深度卷积神经网络（Deep Convolutional Neural Network，DCNN）等。与浅度神经网络类似，深度神经网络也能够为复杂非线性系统提供建模，而且多出的层次为模型提供了更高的抽象层次，因而提高了模型的能力。深度神经网络通常都是前馈神经网络，但也有语言建模等方面的研究将其拓展到循环神经网络。对神经网络模型，提高容量的一个简单办法是增加隐层的数目。增加隐层数目的同时，也会增加神经元连接权、阈值等参数，另外，增加隐层数不仅增加了拥有激活函数的神经元数目，还增加了激活函数嵌套的层数。然而，深度神经网络很难直接用经典算法（如标准 BP 算法）进行训练，因为误差在多隐层内逆传播时往往会发散，使得输出不能稳定收敛。所以，卷积神经网等深度神经网络通常会使用一些方法来避免出现上述问题。

一种有效的训练方法称为无监督逐层训练。其基本思想是每次训练一层隐结点，训练时将上层隐结点的输出作为输入，而本层隐结点的输出作为下一层隐结点的输入，这一过程称为"预训练"；在预训练全部完成后，再对整个网络进行"微调"训练。另一种降低训练成本的方法是"权共享"，即让一组神经元使用相同的连接权。CNN 网络复合多个"卷积层"和"采样层"对输入信号进行加工，然后在连接层实现与输出目标之间的映射。每一个卷积层都包含多个卷积映射，每个卷积映射则是由多个神经元构成的"平面"。

4. 基于数据挖掘的智能检测

20 世纪 60 年代，数字方式数据采集技术已经实现。随后，能够适应动态按需分析数据的结构化查询语言迅速发展起来。人类社会进入信息时代后，计算机软件、硬件的快速发展使得数据采集和数据存储成为可能，在计算机中保存的文件及数据数量成倍增长，用户也期望从这些庞大的数据中获得最有价值的信息。尽管各商业公司、部门、科研院所积累了海量数据，但是这些数据只有很少的一部分被有效利用。信息用户面临着数据丰富而知识匮乏的问题，迫切需要能自动化、高效率地从海量数据中提取有用数据的新型处理技术。在这样的需求背景下，数据挖掘技术应运而生。将传统数据分析方法和处理海量数据的复杂算法结合的数据挖掘技术，使从数据库中高效提取有用信息成为可能，为现今信息技术的发展奠定了基础。

数据挖掘技术（Data Mining，DM）也称从数据库中发现知识（Knowledge Discovery Databases，KDD），其定义为从数据库中发现潜在的、隐含的、先前不知道的有用的信息，也定义为从大量数据中发现正确的、新颖的、潜在有用的并能够被理解的知识的过程。KDD侧重于目的和结果，是将未加工的数据转换为有用信息的整个过程；DM则侧重于处理过程和方法，是KDD通过特定的算法在可接受的计算效率限制内生成特定模式的一个步骤。事实上，在现今的文献中，这两个术语经常被不加区分地使用。

5. 多传感器信息融合

现实世界的多样性决定了采用单一的传感器不能全面地感知和认识自然界，于是多传感器及其数据融合技术应运而生。由于传感器信息形式、信息容量及信息处理速度的多样性，需要新的技术对传感器带来的巨量信息进行消化、解释和评估，人们也越来越认识到信息融合的重要性。根据美国国防部的数据融合小组于1986年建立的定义，多传感器信息融合是一种针对多传感器数据或信息的处理技术，通过数据关联、相关和组合等方式以获得被测对象的信息数据。

20多年来，多传感器信息融合技术获得了普遍的关注和广泛应用，原本以军事应用为目的的信息融合技术也已广泛应用于其他各个领域，如工业机器人、工业过程监视、刀具状态监测、图像分析与处理、目标检测与跟踪等。

信息融合可定义为：利用不同时间与空间的多传感器信息资源，采用计算机技术对多传感器的观测信息在一定准则下加以自动分析、综合，以获得对被测对象的一致性解释与描述，进行决策和估计的信息处理过程。因此，多传感器系统是信息融合的硬件基础，多源信息是信息融合的加工对象，协调优化和综合处理是信息融合的核心，如图2-4所示。

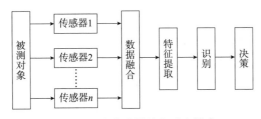

图2-4 多传感器信息融合技术

多传感器信息融合的基本原理与人脑综合处理信息系统类似，人体通过对各个传感器（眼、耳、鼻、四肢）的信息（景物、声音、气味、触觉）组合，并使用先验知识去估计、理解周围环境和正在发生的事件，由于人类感官具有不同的度量特征，因此可以测出不同空间范围内的各种物理现象。多传感器信息融合系统中各传感器的信息可能具有不同的特征：实时的或非实时的、快变的或缓变的、模糊的或确定的、相互支持或互补，也可能互相矛盾或竞争。信息融合利用多个传感器共同或联合操作的优势，更大程度地获得被测目标的信息量，以提高传感器系统的有效性。

信息融合的结构形式有并联、串联和混合融合三种：并联融合时，各传感器直接将各自的输出信息传输到传感器融合中心，融合中心对各信息按适当方法处理后，输出最终结果，因此并联融合的各传感器输出之间相互不影响；串联融合时，每个传感器既有接收和处理前一级传感器信息的功能，又有信息融合的功能，最后一个传感器综合了所有前级传感器输出的信息，它的输出就是串联融合系统的结论，因此串联融合中前级传感器的输出对后级传感器输出的影响很大；混合融合结合了以上两种融合方式，可以是总体串行、局部并行，也可以是总体并行、局部串行。

2.1.7 典型的智能检测技术

1. 机器视觉检测技术

视觉检测就是用机器代替人眼来测量和判断。视觉检测是指通过机器视觉产品（图像摄取装置，分 CMOS 和 CCD 两种）将被摄取目标转换成图像信号，传送给专用的图像处理系统，如图 2-5 所示，根据像素分布和亮度、颜色等信息，转变成数字化信号；图像系统对这些信号进行各种运算来抽取目标的特征，进而根据判别的结果来控制现场的设备动作。是用于生产、装配或包装的有价值的机制。它在检测缺陷和防止缺陷产品被配送到消费者的功能方面具有不可估量的价值。

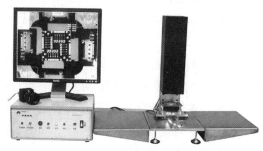
图 2-5 机器视觉检测技术

机器视觉检测的特点是提高生产的柔性和自动化程度。在一些不适于人工作业的危险工作环境或人工视觉难以满足要求的场合，常用机器视觉来替代人工视觉；同时在大批量工业生产过程中，用人工视觉检查产品质量的效率低且精度不高，用机器视觉检测方法可以大大提高生产效率和生产的自动化程度，而且机器视觉易于实现信息集成，是实现计算机集成制造的基础技术。

一个典型的工业机器视觉应用系统，包括数字图像处理技术、机械工程技术、控制技术、光源照明技术、光学成像技术、传感器技术、模拟与数字视频技术、计算机软硬件技术、人机接口技术等。

（1）机器视觉检测技术的优势

在检测行业，与人类视觉相比，机器视觉具有以下明显优势：

①精确度高：人类视觉是 64 灰度级，且对微小目标分辨力弱；机器视觉可显著提高灰度级，同时可观测微米级的目标。

②速度快：人类是无法看清快速运动的目标的，机器快门时间则可达微秒级别。

③稳定性高：机器视觉解决了人类一个非常严重的问题——不稳定，人工目检是劳动非常枯燥和辛苦的行业，无论设计怎样的奖惩制度，都会发生比较高的漏检率；但是机器视觉检测设备则没有疲劳问题，没有情绪波动，只要是在算法中写好的要求，每一次都会认真执行。在质控中大大提升效果可控性。

④信息的集成与留存：机器视觉获得的信息量是全面的、可追溯的，相关信息可以很方便地集成和留存。

（2）机器视觉检测的应用

当前机器视觉检测在生产和生活中应用十分广泛：

①视觉检测在印刷行业的应用

利用在线/离线的视觉系统发现印刷过程中的质量问题，如切模、堆墨、飞墨、缺印/浅印、套印不准、颜色偏差等，同时在线设备可将颜色偏差和墨量多少的检测结果反馈给PLC，控制印刷设备的供墨量，对供墨量进行在线调节，提高印刷质量和效率。

②视觉检测在PCB裸板检测中的应用

利用视觉系统对PCB裸板进行检测，检测裸板上的导线与元件的位置和间距错误、线路和元件的尺寸错误、元件形状错误、线路的通断、板上污损等。

③视觉检测在零件检测中应用

机器视觉检测可以轻松应对金属零件生产的质量控制，如硬币、汽车零部件、连接器等。通过图像处理的方法，发现金属零件表面的划伤、残缺、变色、黏膜等缺陷，并指导机械传动系统将残缺品剔除，大大提高了生产效率。同时对缺陷类型的统计分析能够指导生产参数的调整，提高产品质量。

④视觉检测在汽车安全中的应用

这类数字化系统的工作原理：通过视觉传感器对人的眼睑眼球的几何特征和动作特征、眼睛的凝视角度及其动态变化、头部位置和方向的变化等进行实时检测和测量，建立驾驶人眼部头部特征与疲劳状态的关系模型，研究疲劳状态的多参量综合描述方法；同时研究多元信息的快速融合方法，提高疲劳检测的可靠性和准确性，从而研制稳定可靠的驾驶员疲劳监测系统。它检测的方法很多，比如，人脸快速检测方法、疲劳程度检测方法、疲劳驾驶问题检测方法等。

⑤金属板表面自动探伤系统

金属板表面自动探伤系统利用机器视觉技术对金属表面缺陷进行自动检查，在生产过程中高速、准确地进行检测，同时由于采用非接触式测量，避免了产生新划伤的可能。利用线阵CCD的自扫描特性与被检查钢板X方向的移动相结合，取得金属板表面的三维图像信息。

⑥汽车车身检测系统

英国ROVER汽车公司800系列汽车车身轮廓尺寸精度的100%在线检测，是机器视觉系统用于工业检测的一个较为典型的例子，该系统由62个测量单元组成，每个测量单元包括一台激光器和一个CCD摄像机，用以检测车身外壳上288个测量点。汽车车身置于测量框架下，通过软件校准车身的精确位置。

⑦智能交通管理系统

通过在交通要道放置摄像头，当有违章车辆（如闯红灯）时，摄像头将车辆的牌照拍摄下来，传输给中央管理系统，系统利用图像处理技术，对拍摄的图片进行分析，提取出车牌号，存储在数据库中，可以供管理人员进行检索。

2. 超声检测技术

无损检测（NDT）是现代工业领域中保证产品质量与性能、稳定生产工艺的重要手段。

世界各发达国家越来越重视无损检测技术的应用。日本制定的21世纪优先发展的四大技术之一的设备延寿技术中，把无损检测技术放在十分重要的位置。超声检测是一种重要的无损检测技术，超声波穿透能力强、对人体无害，发展迅速，广泛应用于工业和高新技术产业。其发展历程为：1930年，超声波开始应用于检测金属缺陷，随着微电子、传感和图像处理技术的应用，超声检测技术发展成一种高级检测技术，也是多学科紧密结合的高新技术产物。超声波频率越高，波长越短，扩散角越小，声束越窄，能量越集中，分辨率越高，最终对缺陷的定位就越准确。高频超声波传播特性是方向性好，能定向传播。频率在0.15～20MHz，主要用于金属材料工件的超声检测，如图2-6所示。混凝土等非金属材料的超声检测应选用较低频率的超声波，常用频率为20～500kHz，因为混凝土为非均匀材料，散射作用使材料对声波的衰减较大，方向性差。声波的频率越高，传播距离越小，绕过颗粒的能力越差。

图2-6　超声传感检测技术

超声检测新技术及应用包括：

(1)超声导波技术。超声导波的频散曲线对分层和脱胶等严重危害复合材料的现象较灵敏。用人工神经网络技术可准确有效地对复杂的频散曲线及频谱曲线进行反演，由获得的超声参量推测出被测体的状况。用于对火箭壳体和航空结构件进行无损检测与评价。

(2)声发射新技术。对构件的安全性和失效行为进行动态检测与评价。如：泄漏的监测和定位，材料与构件中裂缝的检测与分析，构件在役条件下的失效的报警等。

(3)新型非接触超声换能方法。电磁超声法、空气耦合法、激光超声法。前者需近距离检测，后面二者可远距离检测，有发展前途。

电磁超声法，在接近材料表面的位置激发磁场，材料表面部位产生感应电流，引起超声振动。探头为强铁磁材料和高频线圈，当线圈内有电流时，材料内部产生高频电流和磁场作用，洛伦兹力使材料粒子振动。发出超声波入射到材料内部，即为电磁超声波，使表面不平或高温材料的探伤成为可能。

空气耦合法，固体与气体声阻抗相差5个数量级，在气固界面有极大的能量损耗，高频空气超声换能器发射功率要大，要有良好的电气匹配和声匹配。能量损失大，工业中应用领域不广，俄罗斯将该技术用于特殊航天构件，尤其是非金属复合材料构件的检测与评价。

激光超声法，利用脉冲激光产生窄脉冲超声信号，再用光干涉法检测超声波。具有时间和空间上的高分辨率。可适合高温环境测量。激光束可利用光学的方法进行扫描，可实现对连续快速运动物体的非接触检测。无论激光束的入射方向如何，激光激发的超声波总是垂直于被测物表面，所以，比较适合于形状复杂的工件的检测。激光超声的脉冲宽度窄，检测微小缺陷能力强适于尺寸较小的工件检测，如金刚石构件、人工晶体和薄膜材料。

（4）超声信息处理与模式识别。现代数字信号处理技术在超声检测中的应用于20世纪80年代开始，引入目的：定量化；分离和识别复杂的检测信号。目前，工业用超声无损检测大多还停留在了解材料和构件是否有缺陷，或者凭经验大致判断缺陷的大小和位置，但理论和实验研究表明，采用多参量的超声数字信号处理与模式识别技术可给出检测的量化结果，如缺陷的大小、位置、形状或性质。现代超声技术与断裂力学知识相结合，可望进一步对构件的强度与剩余寿命进行评估。

超声检测新技术的应用，还包括超声波应力与残余应力测量技术、超声显微镜技术及超声层析成像技术。

3. 红外检测技术

红外检测技术的原理是基于自然界中一切温度高于绝对零度的物体，每时每刻都辐射出红外线，同时，这种红外线辐射都载有物体的特征信息，这就为利用红外技术探测和判别各种被测目标的温度高低与热分布场提供了客观的依据。红外线是波长在 $0.76 \sim 1000 \mu m$ 之间的一种电磁波，按波长范围可分为近红外、中红外、远红外、极远红外四类，它在电磁波连续频谱中处于无线电波与可见光之间的区域。

物体表面绝对温度的变化，使得物体发热功率的变化更快。物体产生的热量在红外辐射的同时，还在物体周围形成一定的表面温度分布场，这种温度分布场取决于物体材料的热物性，物体内部的热扩散和物体表面温度与外界温度的热交换。

通过红外探测器将物体辐射的功率信号转换成电信号后，成像装置的输出信号就可以完全一一对应地模拟扫描物体表面温度的空间分布，经电子系统处理，传至显示屏上，得到与物体表面热分布相对应的热像图。如图 2-7 所示，使用红外检测系统对石油石化管道温度进行监测，防止管道出现高温甚至爆炸事故。

红外线辐射的特点，除了具有电磁波的本质特性外，还具有两个重要的特性。

（1）物体表面红外线辐射的峰值波长与物体表面分布的温度有关，峰值波长与温度成反比。温度越高，辐射的波长越短；温度越低，辐射的波长越长。根据红外线辐射的这一特性，通过对被测物体红外辐射的探测，便能实现对目标进行远距离热状态图像成像和测温，并进行分析判断。

（2）红外辐射电磁波在大气中传播要受到大气的吸收而使辐射的能量被衰减，但空间的大气、烟云对红外辐射的吸收程度与红外线辐射的波长有关，特别对波长范围在 $2 \sim 2.5 \mu m$、$3 \sim 5 \mu m$ 及 $8 \sim 14 \mu m$ 的三个区域相对吸收很弱，红外线穿透能力较强，透明度较高，这三个区域被称为"大气窗口"，"大气窗口"以外的红外辐射在传播过程中由于大气、烟云中存在的二氧化碳、臭氧和水蒸气等物质的分子具有强烈吸收作用而被迅速衰减,利用红外辐射中"大气窗口"的特性,使红外辐射具备了夜视功能,并能实现全天候对目标的搜索和观察。

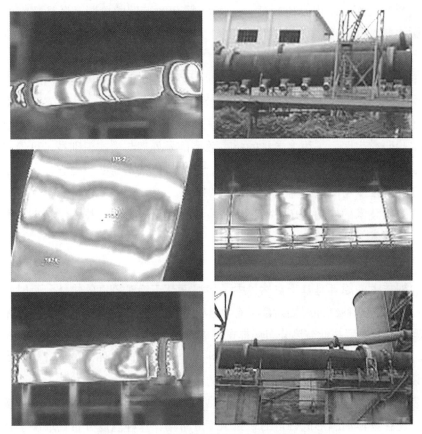

图2-7　红外传感检测在石化行业中的应用

红外辐射的探测是将被测物体的辐射能转换为可测量的形式,对被测物体的热效应进行热电转换来测量物体红外辐射的强弱,或利用红外辐射的光电效应产生的电性质的变化来测量物体红外辐射的强弱,由于电量的测量最方便、最精确,因此一般红外辐射的探测总是把红外辐射量转换成电量进行测量,而红外辐射的探测是通过红外探测器来实现的。红外探测器种类繁多,根据不同的功能已覆盖整个红外波段,按其性质可分为两大类:一是依据物体辐射特性进行测量和控制,二是依据材料的红外光学特性进行分析和控制。

以下从应用较多的红外测温、红外成像、红外气体成分分析等方面对红外检测技术进行重点介绍。

红外测温有多种方法,其中较常用的是按照斯蒂芬—玻尔兹曼定律(物体红外辐射的强度与物体的温度和辐射率相关)制成的红外温度计。该类红外温度计主要由光学系统、红外传感元件、调制单元、指示单元等部分构成。适用于对高速运动物体、带电物体、腐蚀介质、高温或高压物体或介质温度的远距离和非接触测量。具有响应速度快(毫秒级,甚至微秒级),测温灵敏度高,不会破坏实测对象原先温度场分布状况,测出温度失真较小，测温范围非常广泛(从零下几十到零上几千摄氏度的温度)等显著优点。

红外成像仪，也常简称为热像仪，主要是检测 $0.9 \sim 14\mu m$ 波长范围内的红外电磁频谱区的辐射量，通过热图像技术，给出热辐射体的温度值及温度场分布图，并转换成可见的热图像。在需了解物体的温度分布以便分析、研究物体的结构，探测物体的内部缺陷或工作状况，进而进行故障诊断分析的场合，可通过红外成像仪以非接触方式探测被测物体目标所释放的红外辐射能量，形成整个目标对象的红外辐射分布(温度分布)图像。与常规摄像机不同的是，大多数成像仪不是利用常规的 CCD 或 CMOS 传感元件，而是采用特殊的 FPA(焦平面阵列)，以感应更长的波长段。

基于红外光谱技术的成分分析仪表，具有"绿色、快速、非破坏、在线"等特点，是分析化学领域迅猛发展的高新分析技术之一。工业中常用的红外气体分析仪工作原理是利用被测气体的红外吸收光谱特征或热效应而实现气体浓度测量的，主要由红外辐射光源、气室/窗口材料和滤波元件、红外传感器三大部分构成。红外气体分析仪具有能同时测量多种气体，测量范围宽(上限100%，下限可达 10^{-6} 级，甚至 10^{-9} 级)，灵敏度和准确度高，反应极快，有良好的选择性，易于实现连续分析和自动控制，不存在中毒现象，操作简单，寿命长等优点，已开始逐渐取代传统的燃烧、催化型气体分析仪。

2.2 智能控制技术

控制理论发展至今，已有100多年的历史，经历了"经典控制理论"和"现代控制理论"的发展阶段。经典控制理论研究的对象是单变量常系数线性系统，且只适用于单输入单输出控制系统。现代控制理论研究的对象是多变量常系数线性系统。经典控制理论的数学模型一般采用传递函数表示，是基于被控对象精确模型的控制方式，适于解决线性、时不变性等相对简单的控制问题。现代控制理论的数学模型主要是状态空间描述法。对于不确定系统、高度非线性系统、复杂任务控制要求的复杂系统，采用数学工具或计算机仿真技术的传统控制理论难以解决此类系统的控制问题。人们在生产实践中看到，许多复杂生产过程难以实现的目标控制，可以通过熟练的操作工、技术人员或专家的操作获得满意的效果。那么，如何有效地将熟练的操作工、技术人员或专家的经验知识和控制理论结合起来去解决复杂系统的控制问题，就是智能控制原理研究的目标所在。

2.2.1 智能控制的定义

1. 几种典型的智能系统

粗略地说，智能控制是一种将智能理论应用于控制领域的模型描述、系统分析、控制设计与实现的控制方法。它是一种具有智能行为与特征的控制方法。迄今为止，对智能控制还没有一个统一的定义，下面通过对典型智能系统的剖析，来定义智能控制与智能控制系统。

（1）智能机器人

智能机器人是指具有类似人的感知和认知能力，并能在复杂环境中达到复杂目标的机器人。也就是说，该类机器人对所处的复杂环境具有如视觉、听觉、触觉等多种感知、识别与认知能力，能够在正确解释与理解用户（主人）下达的任务目标的基础上，自主地制定及适应性调整动作序列规划并执行之。如已投入应用的具有视觉与图像处理功能的装配机器人、保洁机器人均属于智能机器人。

（2）无人驾驶汽车

无人驾驶汽车是指具有能感知和识别环境与路况的功能，根据交通地图及指定的目的地，自主地作出并能及时调整其安全与快速的驾驶策略的智能汽车驾驶系统的汽车。美国每年举办世界无人驾驶汽车比赛，各国均可参赛。国防科技大学研制了我国首辆无人驾驶汽车。

（3）智能制造系统

智能制造系统是由具有一定自主性和合作性的智能制造单元组成的人机一体化智能系统。它在制造过程中能以一种高度柔性与集成的方式，借助计算机模拟人类专家的智力活动，完成从市场订单、产品设计、工艺设计、计划与调度、加工制造、检验、仓储，一直到销售及售后服务的制造活动全过程，并在此过程中具有自学习、自适应与自我维护能力。该类系统有现代制造系统、计算机集成制造系统等。

（4）模糊控制洗衣机

普通微电脑洗衣机采用的是量化的固定程序，一经设定，便不能更改。模糊控制洗衣机则是在模糊控制策略下，模仿人的思维自主地"分析"与"判断"，其操作程序可以随环境变化进行自主的适应性调整的智能化全自动洗衣机。在保证洗净度的前提下，以最大限度地减少衣物的磨损和水的消耗为目标，模糊控制洗衣机根据从负载量、水位、水温、布质、水质等物理与化学量传感器中得到的数据，自动地制定、实时调整并执行最佳洗涤程序。

2. 智能控制系统的特征

从上面四个典型的智能控制系统，可归纳出智能控制系统的特征如下。

（1）控制对象与环境的复杂性

智能控制系统的被控对象呈现复杂的、多样的动力学特性，一般不再局限于单机单变量的优化控制问题，而是具有大型化、分散化、网络化以及层次化等特征的整个系统与生产加工过程的优化控制问题。同时，复杂性还体现在被控对象所处的环境复杂。其环境处于未知、变化或难以用传统工具描述与感知中，所获取的模型与信息具有不完整、不确定的特征，因此要求控制系统有较好的学习与适应能力，有较强的鲁棒性，能充分利用人的经验与系统拟人的智能，能在复杂环境中自主地作出合理有效的行为。

（2）目标任务的综合性

智能控制系统接受的目标任务呈现综合化特征，并且具有较高的层次性。如无人驾驶系统的目标任务是到达指定的目的地，目标综合且具有较高层次性，并大多为定性的描述，不再分别对单个设备、系统、过程去指定具体的、量化的目标。因此，要求控制系统具有较好的理解能力和逻辑分析能力，能根据综合与高层目标推演、分解出单个被控设备、系统、过程的子目标。并具有较好的综合与反馈协调机制，使得各被控设备、系统、过程能有机地成为一个整体，以达到控制目标，从而寻求整个控制系统在巨大的不确定环境中获得整体的优化。

（3）自主性

所谓自主性是指在无外来指挥与干预的情况下，系统能在不确定环境中作出适当反应的性能。智能控制系统的自主性体现在智能控制系统的感知、思维、决策和行为具有自主性。人的作用主要体现在智能控制系统的研发和设计中。一旦智能控制系统投入使用，人则成为智能控制系统咨询与讨论的伙伴。

（4）智能性

智能控制系统的智能性表现为，在智能理论的指导下系统具有拟人的思维和行为控制方式，能充分利用人的经验，在不完整和不确定的环境下充分理解目标与环境，具有较强的学习与适应能力。

因此，智能控制可定义如下：智能控制是能够在复杂变化的环境下根据不完整和不确定的信息，模拟人的思维方式使复杂系统自主达到高层综合目标的控制方法。

2.2.2　智能控制系统的结构与功能

1．智能控制系统的结构

智能控制系统典型的原理结构由六部分组成，包括执行器、传感器、感知信息处理单元、认知单元、通信接口和规划与控制单元。

（1）执行器是系统的输出，对外界对象产生作用。一个智能系统可以有许多甚至成千上万个执行器，为了完成给定的目标和任务，必须对它们进行协调。执行器有电动机、定位器、阀门、电磁线圈、变送器等。

（2）传感器产生智能系统的输入，它可以是关节位置传感器、力传感器、视觉传感器、距离传感器、触觉传感器等。传感器用来监测外部环境和系统本身的状态。传感器向感知信息处理单元输入原始信息。

（3）感知信息处理单元将传感器输入的原始信息加以处理，并与内部环境模型产生的期望值进行比较。感知信息处理单元在时间和空间上综合观测值与期望值之间的异同，以检测发生的事件，识别环境的特征、对象和关系。

（4）认知单元主要用来接收和储存信息、知识、经验和数据，对它们进行分析、推理，并作出行动的决策，送至规划和控制部分。

（5）通信接口除建立人机之间的联系外，还建立系统各模块之间的联系。

（6）规划与控制单元是整个系统的核心，其根据给定的任务要求、反馈的信息以及经验知识，进行自动搜索、推理决策、动作规划，最终产生具体的控制作用。广义对象包括通常意义下的控制对象和外部环境。

2. 智能控制系统的功能

从功能和行为上分析，智能控制系统应该具备以下一个或多个功能。

(1) 自适应 (self - adaptation) 功能：与传统的自适应控制相比，这里所说的自适应功能有更广泛的含义，它包括更高层次的适应性。所谓的智能行为实质上是一种从输入到输出的映射关系，它可以看成不依赖于模型的自适应估计，因此其有很好的适应性能。即使在系统的某一部分出现故障时，系统也能正常工作。

(2) 自学习 (self - recognition) 功能：一个系统，如能对一个过程或其环境的未知特征所固有的信息进行学习，并将得到的经验用于进一步估计、分类、决策或控制，从而使系统的性能得到改善，那么便称该系统具有自学习功能。

(3) 自组织 (self - organization) 功能：对于复杂的任务和多传感信息具有自行组织和协调的功能。该组织行为还表现为系统具有相应的主动性和灵活性，即智能控制器可以在任务要求的范围内自行决策，自主采取行动；而当出现多目标冲突时，各控制器可在一定限制条件下自行解决这些冲突。

(4) 自诊断 (self - diagnosis) 功能：对于智能控制系统表现为系统自身的故障检测能力。

(5) 自修复 (self - repairing) 功能：当智能控制系统检测到自身部件的故障行为时，系统将自动启动相关程序替换故障模块，甚至可以通过自身对程序和模块的修复，实现控制系统在无人干预下恢复正常的能力。

2.2.3 智能控制系统的形式

智能控制研究的主要问题：智能控制系统基本结构和机理，建模方法与知识表示，智能控制系统分析与设计，智能算法与控制算法，自组织、自学习系统的结构和方法。

根据所承担的任务、被控对象与控制系统结构的复杂性以及智能的作用，智能控制系统可以分为直接智能控制系统、监督学习智能控制系统、递阶智能控制系统和多智能体控制系统等四种主要形式。由这四种基本系统构建了面向工业生产、交通运输、日常家居生活等领域的丰富多彩的实际智能控制系统。

1. 直接智能控制系统

对于某些设备控制中的单机系统、流程工业中的单回路等实际被控对象，虽然该系统规模小，但该系统的机理复杂，导致系统的动力学模型呈现非线性、不确定性等复杂性；甚至采用传统数学模型难以描述与分析，以致传统的控制系统设计方法难以施展。针对这类底层被控对象的直接控制问题，出现了以模糊控制器、专家控制器为代表的直接智能控制系统。在直接智能控制系统中，智能控制器通过对系统的输出或状态变量的监测反馈，基于智能理论和智能控制方法求解相应的控制律/控制量，向系统提供控制信号，并直接对被控对象产生作用。

直接智能控制系统中，智能控制器采用不同的智能监测方法，就形成各式智能控制器及智能控制系统，如模糊控制器、专家控制器、神经网络控制器、仿人智能控制器等。这些不同的直接智能控制方法，主要从不同的侧面、不同的角度模拟人的智能的各种属性，例如人认识及语言表达上的模糊性、专家的经验推理与逻辑推理、大脑神经网络的感知与决策等。针对实际控制问题，这些智能控制方法可以独立承担任务。也可以由几种方法和机制结合在一起集成混合控制，例如，在模糊控制、专家控制中融入学习控制、神经网络控制的系统结构与策略来完成任务。

（1）模糊控制器

1965年，扎德首次提出用"隶属函数"的概念来定量描述事物模糊性的模糊集合理论，并提出了模糊集的概念。这个概念试图用连续变量测量对象在某类集合中的占有程度，而不像传统集合那样，只有"属于"和"不属于"两种状态。模糊集的思想反映了现实世界所存在的客观不确定性与人们在认识和语言描述中出现的不确定性。模糊集合的模糊性是针对在所划分的类别与类别之间无明显的隶属到不隶属的转折而提出的。事实上，客观世界的许多事物，说它们属于某一类或不同于某一类都不存在明显的分界线。

对于用传统控制理论无法建模、分析和控制的复杂对象，有经验的操作者或专家却能利用对被控对象和控制过程的模糊认识和丰富经验，取得比较好的控制效果。因此人们希望把这种经验指导下的行为过程总结成一些规则，并根据这些规则设计控制器，从而模仿人的控制经验而不用依赖控制对象模型。

所谓模糊控制，就是在用模糊逻辑的观点充分认识被控对象的动力学特征所建立的模糊模型和专家经验的基础上，归纳出一组模拟专家控制经验的模糊规则，并运用模糊控制器近似推理，实现用机器去模拟人控制系统的一种方法。模糊控制是基于模糊集理论的新颖控制方法，它有三个基本组成部分：模糊化、模糊决策、精确化计算。模糊控制器的工作过程简单地描述为先将信息模糊化，然后经模糊推理规则得到模糊控制输出，再将模糊指令进行精确化计算，最终输出控制值。由于模糊控制不需要精确的数学模型，因此它是解决不确定性系统控制的一种有效途径。

（2）专家控制器

专家控制器是指以面向控制问题的专家系统作为控制器构建的智能控制系统，它有机地结合了人类专家的控制经验、控制知识和AI求解技术，能有效地模拟专家的控制知识与经验，求解复杂困难的控制问题。

专家控制系统的基本原理：基于对系统的动力学特性、控制行为和专家的控制经验的理解，剖析与被控系统、环境与检测信号相关的特征及其特征提取的计算方法，建立这些特征与控制策略的关系的知识，构建控制策略求解的相关控制知识库。

专家控制系统的实际运行过程：首先，基于特征提取方法对系统的设定值和反馈量进行计算，提取特征；然后，基于提取的特征量与控制知识库中的知识进行检索、匹配与推理，寻求适用的控制规则集；最后，控制综合环节总结出适宜的控制量。

（3）神经网络控制器

在现代自动控制领域，存在许多难以建模和分析、设计的非线性系统，对控制精度的要求也越来越高，因此，需要新的控制系统具有自适应能力、良好的鲁棒性和实时性、计算简单、柔性结构和自组织并行离散分布处理等智能信息处理的能力，这使得基于ANN

模型和学习算法的新型控制系统结构——神经网络控制系统产生。所谓神经网络控制系统，即利用 ANN 模型进行有效的信息融合，以达到运动学、动力模型和环境模型间的有机结合，并运用 ANN 模型及学习算法对被控对象进行建模与系统辨识、构造控制器及控制系统。

神经网络控制器以 ANN 作为构建被控对象模型和控制器的工具，利用所设计 ANN 的学习结构和学习算法，使 ANN 获得对被控对象的"好"的控制策略的知识，从而作为控制器对被控对象实施控制。

2. 监督学习智能控制系统

在复杂的被控系统和环境中，存在多工况、多工作点、动力学特性变化、环境变化、故障多等复杂因素，当这些变化超过控制器本身的鲁棒性规定的稳定性和品质指标的裕量时，控制系统将不能稳定工作，品质指标也将恶化。对于此类复杂控制问题，需要在直接控制器之上设置对多工况和多工作点进行监控、对系统特性变化进行学习与自适应、对故障进行诊断、对系统进行系统重构、承担监控与自适应的环节，以调整直接控制器的设定任务或控制器的结构与参数。这类对直接控制器具有监督和自适应功能的系统，称为监督学习控制系统。传统控制理论中自适应控制与故障系统的控制器重构即属于这类的监督学习控制方法。监督学习控制系统中，直接控制器或监督学习环节是基于智能理论和方法设计与实现的控制系统，即为监督学习智能控制系统，也称间接智能控制系统。

3. 递阶智能控制系统

对于规模巨大且复杂的被控系统和环境，单一直接控制系统和监督学习控制系统难以承担整个系统中多部件、多设备、多生产流程的组织管理、计划调度、分解与协调、生产过程监控、工艺与设备控制等功能，所以，各部分不能有机地结合以达到整体优化与控制，不能共同完成系统的管、监、控一体的综合自动化。

递阶智能控制是在自适应控制等监督学习控制系统的基础上，由萨里迪斯提出的智能控制理论。递阶智能控制系统主要由三个智能控制级组成，按智能控制的高低分为组织级、协调级、执行级，并且这三级遵循"伴随智能递降、精确性递增"原则。递阶智能控制系统的三级控制结构，非常适合于以智能机器人系统、工业生产系统、智能交通系统为代表的大型、复杂被控对象系统的综合自动化与控制，能实现工业生产系统的组织管理、计划调度、分解与协调、生产过程监控以及工艺与设备控制的管、监、控一体的综合自动化。

4. 多智能体控制系统

目前的社会系统与工业系统正向大型、复杂、动态和开放的方向转变，传统的单个设备、单个系统及单个个体在许多关键问题上遇到了严重的挑战，多智能体系统理论为解决这些挑战提供了一条最佳途径，例如，在工业领域广泛出现的多机器人、多计算机应用系统等都是多智能体控制系统。

所谓智能体，即可以独立通过其传感器感知环境，并通过其自身努力改变环境的智能系统，如生物个体、智能机器人、智能控制器等都为典型的智能体。多智能体系统即由具有相互合作、协调与协商等作用的多个不同智能体组成的系统。例如，多机器人系统是由多个不同目的、不同任务的智能机器人所组成的，它们共同合作，完成复杂任务。在工业控制领域，目前广泛采用的集散控制系统是由多个分散的、具有一定自主性的单个控制系统，通过一定的共享、通信、协调机制共同实现系统的整体控制与优化，亦为典型的多智能体系统。

与传统的采用多层和集中结构的智能控制系统结构相比，采用多智能体技术建立的分布式控制结构的系统有着明显的优点，如模块化好、知识库分散，容错性强和冗余度高、集成能力强、可扩展性强等。因而，采用多智能体系统的体系结构及技术正在成为多机器人系统、多机器系统发展的必然趋势。

2.2.4 智能控制方法的特点

传统的控制理论主要涉及对与伺服机构有关的系统或装置进行操作与数学运算，而 AI 所关心的问题主要与符号运算及逻辑推理有关。源自控制理论与 AI 结合的智能控制方法也具有自己的特点，并可归纳如下。

1. 混杂系统与混合知识表示

智能控制研究的对象结构复杂，具有不同运动与变化过程的各过程有机地集成于一个系统内的特点。例如，在机械制造加工中，机械加工过程的调度系统以一个加工、装配、运输过程的开始与完成来描述系统的进程(事件驱动)，加工设备的传动系统则以一个连续变量随时间运动变化来描述系统的进程(时间驱动)。再如，在无人驾驶系统和智能机器人的基于图像处理与理解的机器视觉系统中，感知的是几近连续分布与连续变化的像素信息，通过模式识别与图像理解变换成的模式与符号，去分析被控对象并对控制行为进行决策，其控制过程又驱动一个连续变化的传动系统。现代大型加工制造系统、过程生产系统、交通运输系统等都呈现这样的混杂过程，其模型描述与控制知识表示也因此成为基于传统数学方法与 AI 中非数学的广义模型。

2. 复杂性

智能控制的复杂性体现为被控系统的复杂性、环境的复杂性、目标任务的复杂性、知识表示与获取的复杂性。被控系统的复杂性体现在其系统规模大且结构复杂，其动力学还出现诸如非线性、不确定性、事件驱动与符号逻辑空间等复杂动力学问题。

3. 结构性和递阶层次性

智能控制系统具有良好的结构性，其各个系统一般是具有一定独立自主行为的子系统结构，呈现模块化。在多智能体系统中，各智能体本身就是一个具有自主性的智能系统，各智能体按照一定的通信、共享、合作与协调的机制和协议，共同执行与完成复杂任务。

智能控制系统还将复杂的、大型的优化控制问题按一定层次分解为多层递阶结构，各层分别独立承担组织、计划、任务分解、直接控制与驱动等任务，有独立的决策机构与协调机构。上下层之间不仅有自上而下的组织(下达指令)、协调功能，还有自上而下的信息反馈功能。一般层次越高，问题的解空间越大，所获取的信息不确定性也越大，也就越需要智能理论与方法的支持，越需要具有拟人的思维和行为的能力。智能控制的核心主要在高层，在承担组织、计划、任务分解及协调的结构层中。

4. 适应性、自学习与自组织

适应性、自学习与自组织是智能控制系统的"智能"和"自主"能力的重要体现。适应性是指智能控制系统具有较好的主动适应来自系统本身、外部环境或控制目标变化的能力。系统通过对当前控制策略下系统状态与期望的控制目标的差距的考量，对系统本身行为变化、环境因素变化的监测，主动地修正自己的系统结构、控制策略以及行为机制，以适应这些变化并达到期望的控制目标。

自学习能力是指智能控制系统自动获取有关被控对象及环境的未知特征和相关知识的能力。通过学习获取的知识，系统可以不断地改进自己决策与协调的策略，使系统逐步走向最优。

自组织能力是指智能控制系统具有高度柔性，从而能够组织与协助多个任务重构。当各任务的目标发生冲突时，系统能作出合理的决策。

2.2.5 智能控制的应用领域

智能控制的应用领域非常广泛，从实验室到工业现场、从家用电器到火箭制导、从制造业到采矿业、从飞行器到武器、从轧钢机到邮件处理机、从工业机器人到康复假肢等，都有智能控制的用武之地。下面简单介绍智能控制应用的几个主要领域。

1. 智能机器人规划与控制

机器人学的主要研究方向之一是机器人运动的规划与控制。机器人在获得一个指定的任务之后，首先根据对环境的感知，作出满足该任务要求的运动规划，然后由控制系统来控制执行系统去执行规划，该控制系统足以使机器人适当地完成所期望的运动。目前，该领域已从单机器人的规划与控制发展到多机器人的规划、协调与控制。图 2-8 为移动机器人手臂及腰部路径的规划。

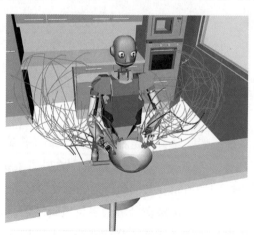

图 2-8 移动机器人手臂及腰部路径的规划

2. 生产过程的智能控制

化工、炼油、轧钢、材料加工、造纸和核反应等工业领域的许多连续生产线，其生产过程需要监测和控制，以保证高性能和高可靠性。对于基于严格数学模型的传统控制方法无法应对的某些复杂被控对象，目前已成功地应用了有效的智能控制策略，如炼铁高炉的 ANN 模型及优化控制、旋转水泥窑的模糊控制、加热炉的模糊 PID 控制与仿人智能控制、智能 pH 值过程控制、工业锅炉的递阶智能控制(图2-9)以及核反应器的专家控制等。

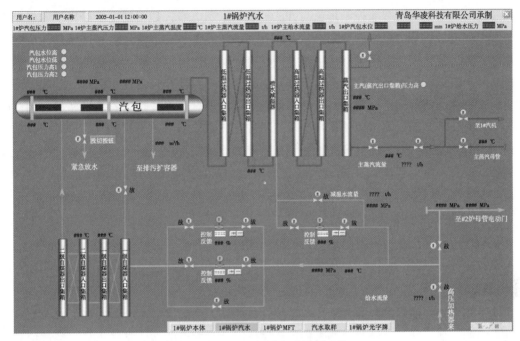

图2-9 工业锅炉自动控制系统

3. 制造系统的智能控制

计算机集成制造系统(CIMS)是近30年制造领域发展最为迅速的先进制造系统,它是在信息技术、自动化技术与制造技术的基础上,通过计算机技术把分散在产品设计与制造过程中各种孤立的自动化子系统有机地集成起来,形成适用于多品种、小批量生产,实现整体效益集成化和智能化的制造系统。在多品种、小批量生产,制造工艺与工序复杂的条件下,制造过程与调度变得极为复杂,其解空间也非常大。此外,制造系统为离散事件动态系统,其系统进行加工事件开始或完成来记录,并采用符号逻辑操作和变迁来描述。因此,模型的复杂性,环境的不确定性以及系统软硬件的复杂性,向当代控制工程师们设计和实现有效的集成控制系统提出了挑战。

4. 智能交通系统与无人驾驶

自1980年以来,智能控制被应用于交通工程与载运工具的驾驶中,高速公路、铁路与运输的管理监控,城市交通信号控制,飞机、轮船与汽车的自动驾驶等,形成了智能交通系统与无人驾驶系统。

所谓智能交通系统,就是把卫星技术、信息技术、通信技术、控制技术和计算机技术结合在一起的运输(交通)自动引导、调度和控制系统,它包括机场、车站客流疏导系统,城市交通智能调度系统,高速公路智能调度系统,运营车辆调度管理系统,机动车自动控制系统等。智能交通系统通过人、车、路的和谐、密切配合,提高交通运输效率,缓解交通阻塞,提高路网通过能力,减少交通事故,降低能源消耗,减轻环境污染。

5. 智能家电与智能家居

智能家电是指利用智能控制理论与方法控制的家用电器，如市场上已经出现的模糊洗衣机、模糊电饭煲等。未来智能家电将主要朝多种智能化、自适应优化和网络化三个方向发展，多种智能化是指家用电器尽可能在其特有的功能中模拟多种人的智能思维或智能活动的功能。自适应优化是指家用电器根据自身状态和外界环境自动优化工作方式和过程的能力，这种能力使得家用电器在其生命周期都能处于最有效率、最节省能源和最好品质的状态。网络化的家用电器可以使用户实现远程控制，在家用电器之间也可以实现互操作。

所谓智能家居，就是通过家居智能管理系统的设施来实现家庭安全、舒适、信息交互与通信的能力。家居智能化系统由家庭安全防范、家庭设备自动化和家庭通信三个方面组成。

6. 生物医学系统的智能控制

从 20 世纪 70 年代起，以模糊控制、神经网络控制为代表的智能控制技术成功地应用于各种生物医学系统、加以神经信号控制的假肢、基于平均动脉血压(MAP)的麻醉深度模糊控制等。

基于肌肉神经信号控制的假肢控制系统，首先从人的肢体残端处的神经，以及与肢体运动有关的胸部、背部等处肌肉群采集指挥肢体运动时发出的微弱神经信号，经过信号分析，解释各肢体及关节运动的指令；其次通过与反馈信号比较，经智能控制器发出各肢体及关节运动的驱动器的驱动命令，从而实现以神经信号控制假肢的功能。

7. 智能仪器

随着微电子技术、微机技术、AI 技术和计算机通信技术的迅速发展，自动化仪器正朝着智能化、系统化、模块化和机电一体化的方向发展，微机或微处理机在仪器中的广泛应用，已成为仪器的核心组成部件之一。这类仪器能够实现信息的记忆、判断、处理、执行，以及测控过程的操作、监测和诊断，被称为"智能仪器"。

比较高级的智能仪器具有多功能、高性能、自动操作、对外接口、"硬件软化"和自动测试与自动诊断等功能。例如，一种由连接器、用户接口、比较器和专家系统组成的系统，与心电图测试仪一起构成的心电图分析咨询系统，就已经获得成功应用。

2.3 数字孪生技术

2.3.1 数字孪生的定义

1. 数字孪生的一般定义

通俗来讲，数字孪生是指针对物理世界中的物体，通过数字化的手段构建一个在数字世界中一模一样的实体，借此来实现对物理实体的了解、分析和优化。从更加专业的角度来说，数字孪生集成了人工智能和机器学习(ML)等技术，将数据、算法和决策分析结合在一起，建立虚拟模型，即物理对象的虚拟映射，在问题发生之前先发现问题，监控物理对象在虚拟模型中的变化，诊断基于人工智能的多维数据复杂处理与异常分析，并预测潜在风险，合理有效地规划或对相关设备进行维护。

数字孪生是形成物理世界中某一生产流程的模型及其在数字世界中的数字化镜像的过程和方法。数字孪生有五大驱动要素，即物理世界的传感器、数据、集成、分析和促动器，以及持续更新的数字孪生应用程序。

2. "工业4.0"术语编写组的定义

"工业4.0"术语编写组对数字孪生的定义：利用先进建模和仿真工具构建的，覆盖产品全生命周期与价值链，从基础材料、设计、工艺、制造及使用维护全部环节，集成并驱动以统一的模型为核心的产品设计、制造和保障的数字化数据流。通过分析这个定义的内涵可以发现，数字纽带为产品数字孪生体提供访问、整合和转换能力，其目标是贯通产品全生命周期和价值链，实现全面追溯、双向共享/交互信息、价值链协同。

从根本上讲，数字孪生是以数字化的形式对某一物理实体过去和目前的行为或流程进行动态呈现，有助于提升企业绩效。

2.3.2 数字孪生与数字纽带

伴随着数字孪生的发展，美国空军研究实验室和美国国家航空航天局（NASA）同时提出了数字纽带（Digital Thread，也译为数字主线、数字线程、数字线、数字链等）的概念。数字纽带是一种可扩展、可配置的企业级分析框架，在整个系统的生命周期中，通过提供访问、整合及将不同的、分散的数据转换为可操作信息的能力来通知决策制定者。数字纽带可无缝加速企业数据—信息—知识系统中的权威/发布数据、信息和知识之间的可控制的相互作用，并允许在能力规划和分析、初步设计、详细设计、制造、测试及维护采集阶段动态实时评估产品在目前和未来提供决策的能力。数字纽带也是一个允许可连接数据流的通信框架，并提供一个包含系统全生命周期各阶段孤立功能的集成视图。数字纽带为在正确的时间将正确的信息传递到正确的地方提供了条件，使系统全生命周期各环节的模型能够实时进行关键数据的双向同步和沟通。

通过分析和对比数字孪生和数字纽带的定义可以发现，数字孪生体是对象、模型和数据，而数字纽带是方法、通道、链接和接口，数字孪生体的相关信息是通过数字纽带进行交换、处理的。以产品设计和制造过程为例，产品数字孪生体与数字纽带的关系如图2-10所示。

图2-11为融合了产品数字孪生体和数字纽带的应用示例。仿真分析模型的参数可以传递至产品定义的全三维模型，再

图2-10 产品数字孪生体与数字纽带的关系

传递至数字化生产线加工/装配成真实的物理产品，继而通过在线的数字化检验/测量系统反映到产品定义模型中，进而反馈到仿真分析模型中。通过数字纽带实现了产品全生命周期各阶段的模型和关键数据双向交互，使产品全生命周期各阶段的模型保持一致性，最终实现闭环的产品全生命周期数据管理和模型管理。

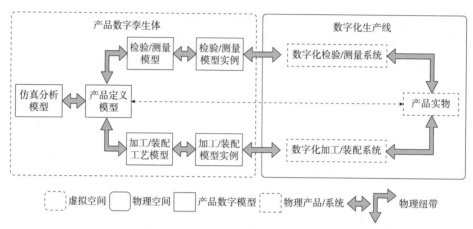

图 2-11 融合了产品数字孪生体和数字纽带的应用示例

简单地说，数字纽带贯穿了产品全生命周期，尤其是产品设计、生产、运维的无缝集成；而产品数字孪生体更像是智能产品的映射，它强调的是从产品运维到产品设计的反馈。

产品数字孪生体是物理产品的数字化影子，通过与外界传感器的集成，反映对象从微观到宏观的所有特性，展示产品全生命周期的演进过程。当然，不只是产品，生产产品的系统(生产设备、生产线)和使用维护中的系统也要按需建立产品数字孪生体。

2.3.3 数字孪生的技术体系

数字孪生技术的实现依赖于诸多先进技术的发展和应用，其技术体系按照从基础数据采集层到顶端应用层可以依次分为数据保障层、建模计算层、功能层和沉浸式体验层，从建模计算层开始，每一层的实现都建立在前面各层的基础之上，是对前面各层功能的进一步丰富和拓展。图 2-12 为数字孪生技术体系。

1. 数据保障层

数据保障层是整个数字孪生技术体系的基础，支撑着整个上层体系的运作，其主要由高性能传感器数据采集、高速数据传输和全生命周期数据管理 3 个部分构成。

先进传感器技术及分布式传感技术使整个数字孪生技术体系能够获得更加准确、充分的数据源支撑；数据是整个数字孪生技术体系的基础，海量复杂系统运行数据包含用于提取和构建系统特征的最重要信息，与专家经验知识相比，系统实时传感信息更准确、更能反映系统的实时物理特性，对多运行阶段系统更具适用性。作为整个体系的最前沿部分，其重要性毋庸置疑。

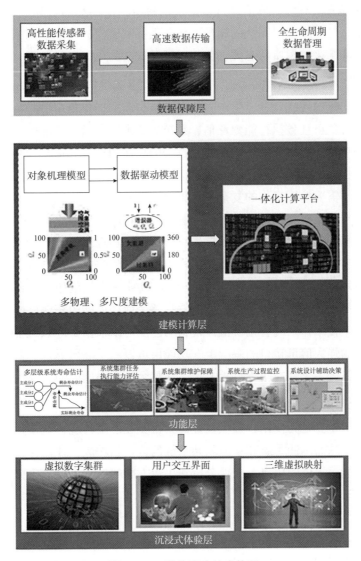

图 2-12　数字孪生技术体系

　　高带宽光纤技术的采用使海量传感器数据的传输不再受带宽的限制，由于复杂工业系统的数据采集量庞大，带宽的扩大缩短了系统传输数据的时间，降低了系统延时，保障了系统实时性，提高了数字孪生系统的实时跟随性能。

　　分布式云服务器存储技术的发展为全生命周期数据的存储和管理提供了平台保障，高效率存储结构和数据检索结构为海量历史运行数据存储和快速提取提供了重要保障，为基于云存储和云计算的系统体系提供了历史数据支持，使大数据分析和计算的数据查询和检索阶段能够快速可靠地完成。

　　2. 建模计算层

　　建模计算层主要由建模算法和一体化计算平台两部分构成，建模算法部分充分利用机器学习和人工智能领域的技术方法实现系统数据的深度特征提取和建模，通过采用多物

理、多尺度的建模方法对传感数据进行多层次的解析，挖掘和学习其中蕴含的相关关系、逻辑关系和主要特征，实现对系统的超现实状态表征和建模，并能预测系统未来状态和寿命，依据其当前和未来的健康状态评估其执行任务成功的可能性。

3. 功能层

功能层面向实际的系统设计、生产、使用和维护需求提供相应的功能，包括多层级系统寿命估计、系统集群任务执行能力评估、系统集群维护保障、系统生产过程监控及系统设计辅助决策等功能。针对复杂系统在使用过程中存在的异常和退化现象，在功能层开展针对系统关键部件和子系统的退化建模和寿命估计工作，为系统健康状态的管理提供指导和评估依据。对于需要协同工作的复杂系统集群，功能层为其提供协同执行任务的可执行性评估和个体自身状态感知，辅助集群任务的执行过程决策。在对系统集群中每个个体的状态深度感知的基础上，可以进一步依据系统健康状态实现基于集群的系统维护保障，节省系统的维修开支并避免人力资源的浪费，实现系统群体的批量化维修保障。

数字孪生技术体系的最终目标是实现基于系统全生命周期健康状态的系统设计和生产过程优化改进，使系统在设计生产完成后能够在整个使用周期内获得良好的性能表现。

作为数字孪生技术体系的直接价值体现，功能层可以根据实际系统需要进行定制，在建模计算层提供的强大信息接口的基础上，功能层可以满足高可靠性、高准确度、高实时性及智能辅助决策等多个性能指标，提升产品在整个生命周期内的表现性能。

4. 沉浸式体验层

沉浸式体验层主要是为使用者提供良好的人机交互使用环境，让使用者能够获得身临其境的技术体验，从而迅速了解和掌握复杂系统的特性和功能，并能够便捷地通过语音和肢体动作访问功能层提供的信息，获得分析和决策方面的信息支持。未来的技术系统使用方式将不再局限于听觉和视觉，同时将集成触摸感知、压力感知、肢体动作感知、重力感知等多方面的信息和感应，为使用者完全恢复真实的系统场景，并通过人工智能的方法让使用者了解和学习真实系统场景本身不能直接反映的系统属性和特征。

使用者通过学习和了解在实体对象上接触不到或采集不到的物理量和模型分析结果，能够获得对系统场景更深入的理解，设计、生产、使用、维护等各个方面的灵感将被激发和验证。

沉浸式体验层是直接面向用户的层级，以用户可用性和交互友好性为主要参考指标。引自 NASA 技术路线图，以数字孪生中的技术集成为例描述了数字孪生技术的广阔发展前景，重点解决与极端可靠性相关的技术需求，使数字孪生技术融入实际工程实践并不断发展。

沉浸式体验层通过集成多种先进技术，实现多物理、多尺度的集群仿真，利用高保真建模和仿真技术及状态深度感知与自感知技术，构建目标系统的虚拟实时任务孪生体，持续预测系统健康、剩余使用寿命和任务执行成功率。虚拟数字集群是数字孪生体向实际工程实践发展的重要范例，对于满足未来成本可控情况下的高可靠性任务执行需求具有重要意义。

2.3.4 数字孪生的核心技术

1. 多领域、多尺度融合建模

当前，大部分建模方法是首先在特定领域进行模型开发和熟化，然后在后期采用集成和数据融合的方法将来自不同领域的独立的模型融合为一个综合的系统级模型，但这种方法的融合深度不够且缺乏合理解释，限制了将来自不同领域的模型进行深度融合的能力。

多领域建模是指在正常和非正常情况下从最初的概念设计阶段开始实施，从不同领域、深层次的机理层面对物理系统进行跨领域的设计理解和建模。

多领域建模的难点在于，多种特性的融合会导致系统方程具有很大的自由度，同时传感器为确保基于高精度传感测量的模型动态更新，采集的数据要与实际的系统数据保持高度一致。总体来说，难点同时体现在长度、时间尺度及耦合范围 3 个方面，克服这些难点有助于建立更加精准的数字孪生系统。

2. 数据驱动与物理模型融合的状态评估

对于机理结构复杂的数字孪生目标系统，往往难以建立精确可靠的系统级物理模型，因而单独采用目标系统的解析物理模型对其进行状态评估无法获得最佳的评估效果。相比较而言，采用数据驱动的方法则能利用系统的历史和实时运行数据，对物理模型进行更新、修正、连接和补充，充分融合系统机理特性和运行数据特性，能够更好地结合系统的实时运行状态，获得动态实时跟随目标系统状态的评估系统。

目前将数据驱动与物理模型相融合的方法主要有以下两种。

(1)以采用解析物理模型为主，利用数据驱动的方法对解析物理模型的参数进行修正。

(2)将采用解析物理模型和采用数据驱动并行使用，最后依据两者输出的可靠度进行加权，得到最后的评估结果。

但以上两种方法都缺少更深层次的融合和优化，对系统机理和数据特性的认知不够充分，融合时应对系统特性有更深入的理解和考虑。目前，数据驱动与物理模型融合的难点在于两者在原理层面的融合与互补，如何将高精度的传感数据统计特性与系统的机理模型合理、有效地结合起来，获得更好的状态评估与监测效果，是亟待考虑和解决的问题。

无法有效实现物理模型与数据驱动模型的结合，还体现在：现有的工业复杂系统和装备复杂系统全生命周期状态无法共享，全生命周期内的多源异构数据无法有效融合，现有的对数字孪生的乐观前景大都建立在对诸如机器学习、深度学习等高复杂度及高性能的算法基础上。将有越来越多的工业状态监测数据或数学模型替代难以构建的物理模型，但同时会带来对象系统过程或机理难于刻画、所构建的数字孪生系统表征性能受限等问题。

因此，有效提升或融合复杂装备或工业复杂系统前期的数字化设计及仿真、虚拟建模、过程仿真等，进一步强化考虑复杂系统构成和运行机理、信号流程及接口耦合等因素的仿真建模，是构建数字孪生系统必须突破的瓶颈。

3. 数据采集和传输

高精度传感器数据的采集和快速传输是整个数字孪生系统的基础，各个类型的传感器

性能，包括温度、压力、振动等都要达到最优状态，以复现实体目标系统的运行状态。传感器的分布和传感器网络的构建以快速、安全、准确为原则，通过分布式传感器采集系统的各类物理量信息表征系统的状态。同时，搭建快速可靠的信息传输网络，将系统状态信息安全、实时地传输至上位机供其应用，具有十分重要的意义。

数字孪生系统是物理实体系统的实时动态超现实映射，数据的实时采集传输和更新对数字孪生具有至关重要的作用。大量分布的各类高精度传感器在整个数字孪生系统的前线工作，起着最基础的感官作用。

目前，数字孪生系统数据采集的难点在于传感器的种类、精度、可靠性、工作环境等各个方面都受到当前技术发展水平的限制，导致采集数据的方式也受到局限。数据传输的关键在于实时性和安全性，网络传输设备和网络结构受限于当前的技术水平，无法满足更高级别的传输速率，网络安全性保障在实际应用中同样应予以重视。

随着传感器水平的快速提升，很多微机电系统(Micro Electro Mechanical System, MEMS)传感器日趋低成本化和高集成度，而如IoT这些高带宽和低成本的无线传输等许多技术的应用推广，能够为获取更多用于表征和评价对象系统运行状态的异常、故障、退化等复杂状态提供前提保障，尤其对于旧有复杂装备或工业系统，其感知能力较弱，距离构建信息物理系统的智能体系尚有较大差距。

许多新型的传感手段或模块可在现有对象系统体系内或兼容于现有系统，构建集传感、数据采集和数据传输于一体的低成本体系或平台，这也是支撑数字孪生体系的关键部分。

4. 全生命周期数据管理

复杂系统的全生命周期数据存储和管理是数字孪生系统的重要支撑。采用云服务器对系统的海量运行数据进行分布式管理，实现数据的高速读取和安全冗余备份，为数据智能解析算法提供充分可靠的数据来源，对维持整个数字孪生系统的运行起着重要作用。通过存储系统的全生命周期数据，可以为数据分析和展示提供更充分的信息，使系统具备历史状态回放、结构健康退化分析及任意历史时刻的智能解析功能。

海量的历史运行数据还为数据挖掘提供了丰富的样本信息，通过提取数据中的有效特征、分析数据间的关联关系，可以获得很多未知但具有潜在利用价值的信息，加深对系统机理和数据特性的理解和认知，实现数字孪生体的超现实属性。随着研究的不断推进，全生命周期数据将持续提供可靠的数据来源和支撑。

全生命周期数据存储和管理的实现需要借助于服务器的分布式和冗余存储，由于数字孪生系统对数据的实时性要求很高，如何优化数据的分布架构、存储方式和检索方法，获得实时可靠的数据读取性能，是其应用于数字孪生系统面临的挑战。尤其应考虑工业企业的数据安全及装备领域的信息保护，构建以安全私有云为核心的数据中心或数据管理体系，是目前较为可行的技术解决方案。

5. 虚拟现实呈现

虚拟现实技术可以将系统的制造、运行、维修状态呈现出超现实的形式，对复杂系统的各个子系统进行多领域、多尺度的状态监测和评估,将智能监测和分析结果附加到系统的各个子系统、部件中,在完美复现实体系统的同时,将数字分析结果以虚拟映射的方式叠加到所创造的孪生系统中,从视觉、声觉、触觉等各个方面提供沉浸式的虚拟现实体验,实现实时、连续的人机互动。VR 技术能够帮助使用者通过数字孪生系统迅速地了解和学习目标系统的原理、构造、特性、变化趋势、健康状态等各种信息,并能启发其改进目标系统的设计和制造,为优化和创新提供灵感。通过简单地点击和触摸,不同层级的系统结构和状态会呈现在使用者面前,对于监控和指导复杂装备的生产制造、安全运行及视情维修具有十分重要的意义,提供了比实物系统更加丰富的信息和选择。

复杂系统的 VR 技术难点在于需要大量的高精度传感器采集系统的运行数据来为 VR 技术提供必要的数据来源和支撑。同时,VR 技术本身的技术瓶颈也有待突破,以提供更真实的 VR 系统体验。

此外,在现有的工业数据分析中,往往忽视对数据呈现的研究和应用,随着日趋复杂的数据分析任务以及高维、高实时数据建模和分析需求,需要强化对数据呈现技术的关注,这是支撑构建数字孪生系统的一个重要环节。

目前,很多互联网企业都在不断推出或升级数据呈现的空间或软件包,工业数据分析可以在借鉴或借用这些数据呈现技术的基础上,加强数据分析可视化的性能和效果。

6. 高性能计算

数字孪生系统复杂功能的实现在很大程度上依赖其背后的计算平台,实时性是衡量数字孪生系统性能的重要指标。因此,基于分布式计算的云服务器平台是系统的重要保障,通过优化数据结构、算法结构等来提高系统的任务执行速度,是保障系统实时性的重要手段。如何综合考量系统搭载的计算平台的性能、数据传输网络的时间延迟及云计算平台的计算能力,设计最优的系统计算架构,满足系统的实时性分析和计算要求,是应用数字孪生的重要内容。平台计算能力的高低直接决定系统的整体性能,作为整个系统的计算基础,其重要性毋庸置疑。

数字孪生系统的实时性要求系统具有极高的运算性能,这有赖于计算平台的提升和计算结构的优化。但是就目前来说,系统的运算性能还受限于计算机发展水平和算法设计优化水平,因此,应在这两方面努力实现突破,从而更好地服务于数字孪生技术的发展。

高性能数据分析算法的云化及异构加速的计算体系(如 CPU + GPU、CPU + FPGA)在现有的云计算基础上是可以考虑的,其能够满足工业实时场景下高性能计算的两个方面。

2.3.5 基于数字孪生的复杂产品装配工艺

复杂产品装配是产品功能和性能实现的最终阶段与关键环节,是影响复杂产品研发质量和使用性能的重要因素,装配质量在很大程度上决定着复杂产品的最终质量。在工业化国家的产品研制过程中,大约 1/3 的人力从事与产品装配有关的活动,装配工作量占整个制造工作量的 20%~70%,据不完全统计,产品装配所需工时占产品生产研制总工时的30%~50%,超过 40%的生产费用用于产品装配,其工作效率和质量对产品制造周期与最

终质量都有极大的影响。

随着航天器、飞机、船舶、雷达等大型复杂产品向智能化、精密化和光机电一体化的方向发展，产品零部件结构越来越复杂，装配与调整已经成为复杂产品研制过程中的薄弱环节。这些大型复杂产品具有零部件种类繁多、结构尺寸变化大且形状不规整、单件小批量生产、装配精度要求高、装配协调过程复杂等特点，其现场装配一般被认为是典型的离散型装配过程，即便在产品零部件全部合格的情况下，也很难保证产品装配的一次成功率，往往需要经过多次选择试装、修配、调整装配，甚至拆卸、返工才能装配出合格产品。目前，随着基于模型定义（Model Based Definition，MBD）技术在大型复杂产品研制过程中的广泛应用，全三维模型作为产品全生命周期的唯一数据源得到了有效传递，促进了此类产品的"设计—工艺—制造—装配—检测"每个环节的数据统一，使基于全三维模型的装配工艺设计与装配现场应用越来越受到关注与重视。

全三维模型的数字化产品工艺设计是连接基于 MBD 的产品设计与制造的桥梁，三维数字化装配技术则是产品工艺设计的重要组成部分。三维数字化装配技术是虚拟装配技术的进一步延伸和深化，即利用三维数字化装配技术，在无物理样件、三维虚拟环境下对产品的可装配性、可拆卸性、可维修性进行分析、验证和优化，以及对产品的装配工艺过程，包括产品的装配顺序、装配路径及装配精度、装配性能等进行规划、仿真和优化，从而有效减少产品研制过程中的实物试装次数，提高产品装配质量、效率和可靠性。数字化产品工艺设计基于 MBD 的三维装配工艺模型承接三维设计模型的全部信息，并将设计模型信息和工艺信息一起传递给下游的制造、检测、维护等环节，是实现基于统一数据源的产品全生命周期管理的关键，也是实现装配车间信息物理系统中基于模型驱动的智能装配的基础。

德国"工业4.0"、美国"工业互联网"相继提出，其战略核心均是通过信息物理融合系统实现人、设备与产品的实时联通、相互识别和有效交流，从而构建一个高度灵活的智能制造模式。为实现复杂产品的三维装配工艺设计与装配现场应用的无缝衔接，面向智能装配的信息物理融合系统是实现复杂产品"智能化"装配的基础，其核心问题之一是如何将产品实际装配过程的物理世界与三维数字化装配过程的信息世界进行交互与共融。

1. 基本框架

数字孪生驱动的装配过程基于集成所有装备的物联网，实现装配过程物理世界与信息世界的深度融合，通过智能化软件服务平台及工具，实现对零部件、装备和装配过程的精准控制，通过对复杂产品装配过程进行统一高效的管控，实现产品装配系统的自组织、自适应和动态响应，具体的实现方式如图 2-13 所示。

通过建立三维装配孪生模型，引入了装配现场实测数据，可基于实测模型实时、高保真地模拟装配现场及装配过程，并根据实际执行情况、装配效果和检验结果，实时、准确地给出修配建议和优化的装配方法，为实现复杂产品科学装配和装配质量预测提供了有效途径。数字孪生驱动的智能装配技术将实现产品现场装配过程的虚拟信息世界和实际物理世界之间的交互与共融，构建复杂产品装配过程的信息物理融合系统，如图 2-14 所示。

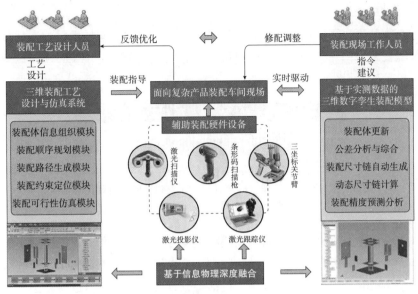

图2-13 数字孪生驱动的装配过程

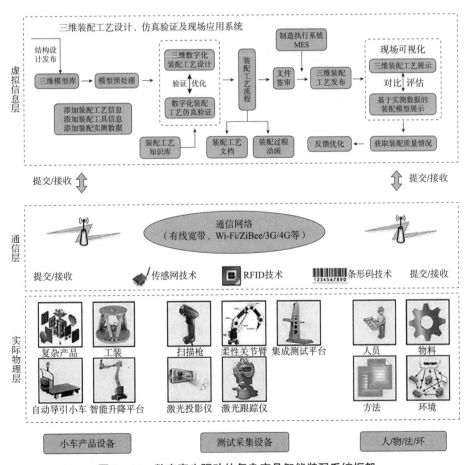

图2-14 数字孪生驱动的复杂产品智能装配系统框架

2. 技术应用

图 2 - 15 为基于数字孪生的产品装配工艺设计的关键理论与技术，为实现数字孪生驱动的智能装配技术，构建复杂产品装配过程的信息物理融合系统，就必须在以下方面取得突破。

基于数字孪生亟须突破的产品装配工艺设计的关键理论与技术	
1	在数字孪生装配工艺模型构建方面
2	在基于孪生数据融合的装配精度分析与可装配性预测方面
3	在虚实装配过程的深度整合及工艺智能应用方面

图 2 - 15   基于数字孪生的产品装配工艺设计的关键理论与技术

(1)在数字孪生装配工艺模型构建方面

研究基于零部件实测尺寸的产品装配模型重构方法并重构产品装配模型中的零部件三维模型，基于零部件的实际加工尺寸进行装配工艺设计和工艺仿真优化。课题组在前期研究了基于三维模型的装配工艺设计方法，包括：三维装配工艺模型建模方法，三维环境中装配顺序规划、装配路径定义的方法，装配工艺结构树与装配工艺流程的智能映射方法。

(2)在基于孪生数据融合的装配精度分析与可装配性预测方面

研究装配过程中物理、虚拟数据的融合方法，建立待装配零部件的可装配性分析与精度预测方法，并实现装配工艺的动态调整与实时优化。研究基于实测装配尺寸的三维数字孪生装配模型构建方法，根据装配现场的实际装配情况和实时测量的装配尺寸，构建三维数字孪生装配模型，实现数字化虚拟环境中三维数字孪生装配模型与现实物理模型的深度融合。

(3)在虚实装配过程的深度整合及工艺智能应用方面

建立三维装配工艺演示模型的表达机制，研究三维装配模型的轻量化显示技术，实现多层次产品三维装配工艺设计与仿真工艺文件的轻量化；研究基于装配现场实物驱动的三维装配工艺现场展示方法，实现现场需要的装配模型、装配尺寸、装配资源等装配工艺信息的实时精准展示；研究装配现场实物与三维装配工艺展示模型的关联机制，实现装配工艺流程、MES 及装配现场实际装配信息的深度集成，完成装配工艺信息的智能推送。

3. 应用平台示例

为实现面向装配过程的复杂产品现场装配工艺信息采集、数据处理和控制优化，构建基于信息物理融合系统的现场装配数字孪生智能化软硬件平台(图 2 - 16)。该平台可为数字孪生装配模型的生成、装配工艺方案的优化调整等提供现场实测数据。

装配部装体现场装配应用平台系统包括产品装配现场硬件(如关节臂测量仪、激光跟踪仪、激光投影仪、计算机控制平台等)系统和三维装配相关软件(如三维装配工艺设计软件、轻量化装配演示软件等)系统。

基于数字孪生的产品装配工艺设计流程：首先，将产品三维设计模型、结构件实测状态数据作为工艺设计输入，进行装配序列规划、装配路径规划、激光投影规划、装配流程仿真等预装配操作，推理生成面向最小修配量的装配序列方案，将修配任务与装配序列进

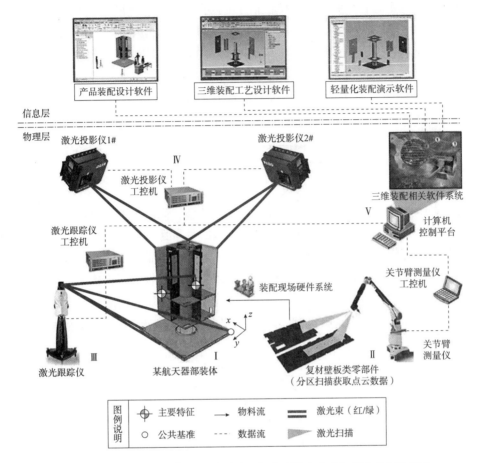

图2-16　基于信息物理融合系统的现场装配数字孪生智能化软硬件平台
Ⅰ：装配部装体(局部)；Ⅱ：关节臂测量仪设备及工控机；Ⅲ：激光跟踪仪设备及工控机；
Ⅳ：激光投影仪设备(组)及工控机；Ⅴ：计算机控制平台和相关软件系统

行合理协调；然后，将生成的装配工艺文件经工艺审批后下放至现场装配车间，通过车间电子看板指导装配工人进行实际装配操作，并在实际装配前对初始零部件状态进行修整；最后，在现场装配智能化硬件设备的协助下，激光投影仪设备(组)可高效准确地实现产品现场装配活动的激光投影。为避免错装漏装，提高一次装配成功率，激光跟踪仪可采集产品现场装配过程的偏差值，并实时将装配过程偏差值反馈至工艺设计端，经装配偏差分析与装配精度预测，给出现场装调方案，实现装配工艺的优化调整与再指导，高质量地完成产品装配任务。

2.4　智能运维技术

2.4.1　加工过程智能运维概述

机械加工制造业作为国家工业发展的基础，体现着一个国家的综合实力。近年来，在信息技术强有力的推动下，机械加工制造业逐渐趋向"数字化""网络化"和"智能化"。同时，为了满足多样化产品需求，传统制造业也正处于转型升级阶段。《中国制造2025》将数控机床和基础制造装备列为"加快突破的战略必争领域"，其中提出要加强前瞻部署和关键技术突破，积极谋划抢占未来科技和产业竞争制高点，提高国际分工层次和话语权。《中国制造2025》将数控机床和基础制造装备行业列为中国制造业的战略必争领域之一，主要原因是其对于一国制造业尤其是装备制造业在国际分工中的位置具有"锚定"作用。数控机床和基础制造装备是制造业价值生成的基础和产业跃升的支点，是基础制造能力构成的核心。唯有拥有坚实的基础制造能力，才有可能生产出先进的装备产品，从而实现高价值产品的生产。

在实际生产加工过程中，由于数控机床的机械结构、数控系统以及控制部分具有较高的复杂性，并且加工环境恶劣、强度高，导致机床的可靠性、稳定性面临巨大挑战，其故障发生率也不断上升。对于发生故障的机床，往往是进行事后维修，不仅效率极低而且故障损失极大。在制造业数字化趋势的推动下，制造业大数据时代即将到来，生产过程数据的利用有极大发展空间。如何利用机床自身的数据和可能外加的传感数据，建立有效的加工过程健康保障系统和智能运维机制，对提高数控机床和基础制造装备附加值具有重要意义。

2.4.2　智能运维与健康管理

随着测试技术、信息技术和决策理论的快速发展，在航空、航天、通信和工业应用等各个领域的工程系统日趋复杂，系统的综合化、智能化程度不断提高，研制、生产，尤其是维护和保障的成本也越来越高。同时，由于组成环节和影响因素的增加，发生故障和功能失效的概率逐渐加大，因此，高端装备的智能运维和健康管理逐渐成为研究者关注的焦点。基于复杂系统可靠性、安全性和经济性的考虑，以预测技术为核心的故障预测和健康管理(Prognostics and Health Management，PHM)策略得到了越来越多的重视和应用，已发展为自主式后勤保障系统的重要基础。PHM作为一门新兴的、多学科交叉的综合性技术，正在引领全球范围内新一轮制造装备维修保障体制的变革。PHM技术作为实现装备视情维修、自主式保障等新思想、新方案的关键技术，受到了美英等军事强国的高度重视。实际中，根据PHM产生的重要信息，制定合理的运营计划、维修计划、保障计划，以最大限度地减少紧急(时间因素)维修事件的发生、减少千里(空间因素)驰援事件的发生概率以及财物损失，从而降低系统费效比，具有迫切的现实需求和重大的工程价值。

1. 故障预测与健康管理

(1)PHM的概念与内涵

PHM技术始于20世纪70年代中期，从基于传感器的诊断转向基于智能系统的预测，并呈现蓬勃的发展态势。20世纪90年代末，美军为了实现装备的自主保障，提出在联合攻击战斗机(JSF)项目中部署PHM系统。从概念内涵上讲，PHM技术是从外部测试、机内测试、状态监测和故障诊断发展而来，涉及故障预测和健康管理两方面内容。故障预测

(Prognostics)是根据系统历史和当前的监测数据,诊断、预测其当前和将来的健康状态、性能衰退与故障发生的方法;健康管理(Health Management)是根据诊断、评估、预测的结果等信息,可用的维修资源和设备使用要求等知识,对任务、维修与保障等活动做出适当规划、决策、计划与协调的能力。

PHM 技术代表了一种理念的转变,是装备管理从事后处置、被动维护,到定期检查、主动防护,再到事先预测、综合管理不断深入的结果。旨在实现从基于传感器的诊断向基于智能系统的预测转变,从忽略对象性能退化的控制调节向考虑对象性能退化的控制调节转变,从静态任务规划向动态任务规划转变,从定期维修向视情维修转变,从被动保障向自主保障转变。故障预测可向短期协调控制提供参数调整时机,向中期任务规划提供参考信息,向维护决策提供依据信息。故障预测是实现控制调参、任务规划和视情维修的前提,是提高装备可靠性、安全性、维修性、测试性、保障性、环境适应性和降低全寿命周期费用的核心,是建立 CPS 进而实现装备两化(信息化和工业化)融合的关键。近年来,PHM 技术受到了学术界和工业界的高度重视,在机械、电子、航空、航天、船舶、汽车、石化、冶金和电力等多个行业领域得到了广泛的应用。

(2)PHM 的体系结构

PHM 较为典型的体系结构是 OSA – CBM(Open System Architecture for Condition – Based Maintenance)系统,是美国国防部组织相关研究机构和大学建立的一套开放式 PHM 体系结构,该体系结构是 PHM 研究领域内的重要参考。OSA – CBM 体系结构作为 PHM 体系结构的典范,是面向一般对象的单维度七模块的功能体系结构;该体系结构重点考虑了中期任务规划和长期维护决策,而对基于装备性能退化的短期管理功能则考虑不足。

CBM 体系结构如图 2 – 17 所示,该体系结构将 PHM 的功能划分为七个层次,主要包括数据获取、特征提取、状态监测、健康评估、故障预测、维修决策和人机接口。

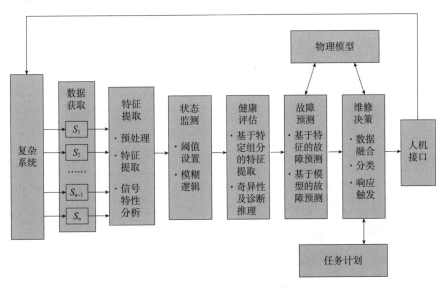

图 2 – 17 CBM 体系结构

PHM 系统每项功能的内涵设计如下，各个功能模块之间的数据流向基本遵循上述顺序，其中任意一个功能模块具备从其他 6 个功能模块获取所需数据的能力。

①数据获取（Data Acquisition，DA）：分析 PHM 的数据需求，选择合适的传感器（如应变片、红外传感器和霍尔传感器），在恰当的位置测量所需的物理量（如压力、温度和电流），并按照定义的数字信号格式输出数据。

②特征提取（Feature Extraction，FE）：对单/多维度信号提取特征，主要涉及滤波、求均值、谱分析、主分量分析（PCA）和线性判别分析（LDA）等常规信号处理、降维方法，旨在获得能表征被管理对象性能的特征。

③状态监测（Condition Monitor，CM）：对实际提取的特征与不同运行条件下的先验特征进行比对，对超出了预先设定阈值的提取特征，产生报警信号。涉及阈值设置、模糊逻辑等方法。

④健康评估（Health Assessment，HA）：健康评估的首要功能是判定对象当前的状态是否退化，若发生了退化则需要生成新的监测条件和阈值，健康评估需要考虑对象的健康历史、运行状态和负载情况等。涉及数据层、特征层、模型层融合等方法。

⑤故障预测（Prognosis Assessment，PA）：故障预测的首要功能是在考虑未来载荷情况下，根据当前健康状态推测未来，进而预报未来某时刻的健康状态，或者在给定载荷曲线的条件下预测剩余使用寿命，可以看作对未来状态的评估。涉及跟踪算法、一定置信区间下的 RUL 预测算法。

⑥维修决策（Maintenance Decision，MD）：根据健康评估和故障预测提供的信息，以任务完成、费用最小等为目标，对维修时间、空间做出优化决策，进而制定出维护计划（如降低航速、减小载荷）、修理计划（如增加润滑油、降低供油量）、更换保障需求（作为自主保障的输入条件）。该功能需要考虑运行历史、维修历史，以及当前任务曲线、关键部件状态、资源等约束。涉及多目标优化算法、分配算法和动态规划等方法。

⑦人机接口（Human Interface，HI）：人机接口的首要功能是集成可视化，集成状态检测、健康评估、故障预测和维修决策等功能产生的信息并可视化，产生报警信息后具备控制对象停机的能力；还具有根据健康评估和故障预测的结果调节动力装备控制参数的功能。该功能通常和 PHM 其他的多个功能有数据接口。需要考虑的问题：是单机实施还是组网协同，是基于 Windows 还是嵌入式，是串行还是并行处理，等等。

2. 智能运维

智能运维是建立在 PHM 基础上的一种新的维护方式。它包含完善的自检和自诊断能力，包括对大型装备进行实时监督和故障报警，并能实施远程故障集中报警和维护信息的综合管理分析。借助智能运维，可以减少维护保障费用，提高设备可靠性和安全性，降低失效事件发生的风险，在对安全性和可靠性要求较高的领域有着至关重要的作用。利用最新的传感器检测、信号处理和大数据分析技术，针对装备的各项参数以及运行过程中的振动、位移和温度等参数进行实时在线/离线检测，并自动判别装备性能退化趋势，设定预防维护的最佳时机，以改善设备的状态，延缓设备的退化，降低突发性失效发生的可能性，进一步减少维护损失，延长设备使用寿命。在智能运维策略下，管理人员可以根据预测信息来判断失效何时发生，从而可以安排人员在系统失效发生前某个合适的时机，对系统实施维护，以避免重大事故发生，同时还可以减少备件存储数量，降低存储费用。

智能运维利用装备监测数据进行维修决策，通过采取某一概率预测模型，基于设备当前运行信息，实现对装备未来健康状况的有效估计，并获得装备在某一时间的故障率、可靠度函数或剩余寿命分布函数。利用决策目标(维修成本、传统可靠性和运行可靠性等)和决策变量(维修间隔和维修等级等)之间的关系建立维修决策模型，如图2-18所示。典型的决策模型有时间延迟模型、冲击模型、马尔可夫(Markov)过程和比例风险模型等。2012年，南京航空航天大学左洪福等人提出了均匀和非均匀失效过程下的时间延迟模型，改善了失效时间预测准确性并优化了视察间隔。2014年，挪威斯塔万格大学的 Flage 等人基于不完全维修和时间延迟模型，提出了一种维修决策优化模型。目前，针对维修决策模型的理论研究较多，但工程应用效果不太理想。由于可以在设备运行状态信息与故障率之间建立联系，比例风险模型在实践中得到了更为广泛的应用。2006年，南京航空航天大学左洪福等人基于 CF6 型发动机的历史监测数据验证了韦布尔(Weibull)比例风险回归模型在发动机视情况维修决策中的实用价值。2011年，空军航空大学的李晓波等人利用韦布尔比例风险回归模型对发动机旋转部件进行维修决策建模，并用发动机轴承实验验证了模型的有效性。

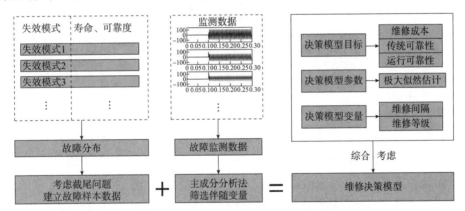

图2-18 基于状态监测的维修决策模型

智能运维的最终目标是减少对人员因素的依赖，逐步信任机器，实现机器的自判、自断和自快。智能运维技术已经成为新运维演化的一个开端，可以预见在更高效和更多的平台实践之后，智能运维还将为整个设备管理领域注入更多新鲜活力。

2.4.3 加工过程智能运维关键技术

1. 数字化技术

数字化就是将许多复杂多变的信息转变为可以度量的数字和数据，再根据这些数字和数据，建立适当的数字化模型，把它们转变为一系列二进制代码，引入计算机内部，进行统一处理，这就是数字化的基本过程。在数控机床的加工过程智能运维中，数字化技术应用主要体现在数控机床中的数字化电子技术和数字化控制技术。通过数字化电子技术，将机床的运行状态转化为数据信息，作为计算机控制系统的输入，计算机处理分析下发的指令经运算和解码，转换为控制机床加工的信号，即数字化的控制技术。数控机床通过数控系统、PLC 程序、硬件电路、伺服控制系统及加装的各类型传感器，具备准确而充足的信息获取能力。

数控机床通过数据汇聚系统来准确快速获取数控机床内部数据和传感器测量系统的感知数据，对于内部数据，数控系统可通过接入总线直接被计算机处理器从内存中读取，实现起来较为容易。传感器数据由于是外接电子器件获取数据，必须通过外接采集模块使数据汇聚到计算机内部。根据采集模块的不同，数据汇聚系统有基于总线型和基于外部采集卡两种。

（1）基于总线型数控系统通过自身的 A/D 采集模块，将传感器测量数据接入其采集总线，利用 PLC 资源在寄存器中分配内存用于保存传感器数据，从而实现对数控机床内部和外部数据的同步准确获取。该系统使用方便、配置简单，但由于数控系统总线采集频率低，无法从部分特殊的传感信号中获取到有用的感知信息，从而会带来分析数据不准确的情况。图 2 - 19 为基于总线型数据汇聚系统原理。

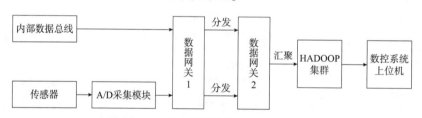

图 2 - 19　基于总线型数据汇聚系统原理

（2）基于外部采集卡由于数控系统总线采样频率过低，一般在 1kHz 左右，而对于像振动数据的获取，采样频率至少要在 5kHz 以上，采集的振动数据才有分析的意义。针对这种情况，采用外部采集卡采集振动数据，频率一般在 10kHz 以上，完全满足振动数据获取的要求。但这种方案的难点在于，数控系统获取到的数据是通过两路总线汇聚的，因此，需要专业人员通过编程处理对两路数据实现实时对齐，才能使计算机获取数控机床的同步数据。图 2 - 20 是振动信号采集中，数控系统采用外接采集卡与内部数据总线同步汇聚数据的原理。

（3）机床的状态信息。实时采集机床的状态信息，主要包括机床开机、机床停机、机床无报警且运行、机床无报警且暂停、机床有报警且运行、机床有报警且暂停、报警信息等。

（4）机床加工信息。实时采集机床的加工信息，主要包括加工零件的 NC 程序名、正在加工的段号、加工时间、刀具信息（刀具号、刀具长度）、主轴转速、主轴功率、主轴转矩、进给速度、坐标值（x、y、z、a、b、c）、NC 程序起始、NC 程序暂停和 NC 程序结束等。

（5）信号处理技术。数控机床的计算机系统需通过信号处理技术，对数据汇聚系统获得的原始信号进行信号处理，从中提取出特征信号，用于计算机对数控机床工况状态进行

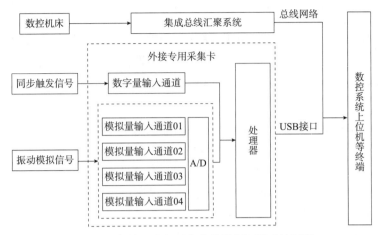

图2-20 基于外部采集卡的数据汇聚系统原理

监测及提供决策的基础。主要涉及的内容包括信号在时域内的显示,通过时频域分析处理提取频率信号,通过基于算法的学习对信号进行处理。

(6)事件分析。以数控系统通过数字化控制实现工艺参数优化为例,在数控切削加工中,传感器能通过测得的主轴电流信号,来获得主轴所受切削负荷的变化情况。若所受负荷过大或超过一定阈值,计算机可通过实时采集到的信息进行决策,对加工过程中的转速、吃刀量、进给速度等加工参数进行实时调整。由于精密机械、微型电子元件等高精度器件在数控机床的使用,使计算机能高精度地控制机床,从而实现数字化技术在机床上的使用,不仅提高了加工效率、加工精度,保证了设备平稳运行,还能充分发挥数控机床的整体性能。

2. 网络化技术

计算机和网络化技术与制造业的不断深入融合,给制造业带来了新的发展机遇。网络化加工作为一种先进的加工技术,正越来越多地应用于现代加工过程中。网络化加工技术是指利用通信技术和计算机技术,结合企业实际需求,把分布在不同地点的计算机及各类电子终端设备互联起来,按照一定的网络协议相互通信,实现制造过程中的资源(如加工代码、数控机床、检测设备和监控设备等)共享,并在相关系统的支持下,开展涵盖整个或者部分产品周期的企业活动,支持企业用户对远程资源的访问与共享,高速、高效、低成本地为市场提供相关的产品和配套服务。

加工过程中,数控机床、车间监控终端和企业云服务器可能分布在不同区域。整个生产过程中,数控机床、车间监控终端和企业云服务器应用都需要通过现场 Intranet/Internet 相互连接。网络化技术的广泛应用,对于推动企业迈向数字化工厂具有重要意义:通过网络化技术,企业可以合理规划自身资源,实现资源共享,并可根据市场需要及时调整加工计划,从而提高企业的生产效率,降低加工成本;企业技术人员可以远程监控生产过程,甚至实现协同管理;通过采集加工过程中加工设备的相关状态参数,便于实现加工设备的远程故障诊断和远程维护。

3. 数控技术网络化概念

网络化技术的关键在于数控技术的网络化。数控技术的网络化主要是指数控系统与外部的其他控制系统或者上位机通过工业总线网络、互联网等实现互联互通，以实现资源共享和网络化加工，进而为其他先进制造环境提供最为基础的技术支持，共同提高加工过程的效率和质量。

当前，数控系统的网络化可以分为内部现场总线的网络化和外部设备间的网络化。目前，数控系统内部硬件一般通过现场总线相互连接。现场总线（Field Bus）是一种工业数据总线，具有实时性好、抗干扰能力强、可靠性高、互换性好且易于集成等优点，完全可以满足数控系统内部的计算机、网络、伺服系统、I/O接口等硬件的需求。数控系统外部可以通过网络实现彼此互联互通，进而为数控系统、数控机床乃至整个加工过程的设备远程监控、加工工艺优化、远程故障诊断等智能化技术提供网络基础。日本著名机床厂马扎克（Mazak）公司的一项重要研究表明，在多品种小批量的加工需求下，连接进企业的生产中心服务器后，数控机床的切削时间将会从单机状态下的25%提高至65%，从而可以大幅度提高数控机床的生产效率。

4. 网络化加工体系结构

网络化加工可以通过网络实现跨时空和跨地域的及时沟通，网络化加工体系结构框图如图2-21所示。与传统的加工技术相比，网络化加工可以为企业用户实现网上设计、网上制造、网上监控、网上培训、网上营销和网上管理等功能，使企业更好地发挥先进装备的优势性能，及时从市场的需求出发调整生产计划，从而提高产品的生产效率，降低生产成本，同时也提高产品的竞争力。

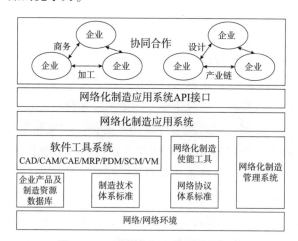

图2-21 网络化加工体系结构框图

网络加工在其整个加工过程中，可以分为计算机辅助设计（Computer Aided Design，CAD）、计算机辅助制造（Computer Aided Manufacturing，CAM）、计算机辅助工程（Computer Aided Engineering，CAE）、物料管理计划（Material Requirement Planning，MRP）、产品数据管理（Product Data Management，PDM）、软件配置管理（Software Configuration Management，SCM)、虚拟制造(Virtual Manufacturing，VM)和故障诊断等七个功能模块。为了实现网络化加工，上述功能模块并不是孤立的，需要分别与其他模块网络和外部网络实现集成，建立先进制造的内联网(Intranet)，并连接于国际互联网(Internet)。

5. 数控技术网络化通信分级

在现代加工过程中，工件可能需要在不同位置进行加工，各个加工设备之间通过网络相互连接，同时工作，而且互不干扰，其各级网络连接示意图如图2-22所示。为了实现这种加工系统，需要对整个加工网络进行分级控制。这种通信分级可以分为企业级、工厂级、生产车间级和加工设备级。

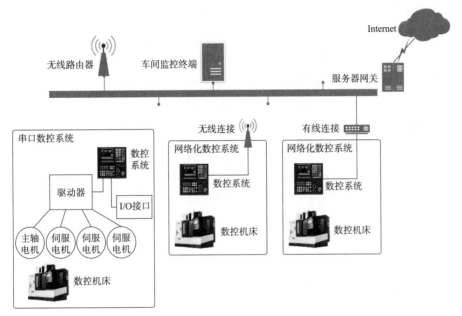

图2-22　网络化加工体系各级网络连接示意图

(1)企业级通信：一般用于协调下属各个工厂间的加工，并且按照市场规律分配加工任务。该级别的通信一般需要通过互联网与外界联通。

(2)工厂级通信：一般用于工厂下面各个车间的任务调度。该级别的通信一般视情况采用互联网或者局域网相互联通。

(3)生产车间级通信：一般用于加工程序上传和下载，PLC数据传输，系统实时状态监测，加工设备的远程控制以及对CAD/CAE/CAM/CAPP等程序进行分级管理。生产车间级通信一般采用分布式控制(Distributed Numerical Control，DNC)方式进行控制。

(4)加工设备级通信：主要负责底层设备与上级设备联网，负责加工状态参数与加工情况的获取、存储并上传到上层网络，同时与生产车间级通信等上级网络共同实现上层网络下达的相关管理控制命令的执行。当前制造业中常用的现代集成制造系统(Contemporary Integrated Manufacturing Systems，CIMS)技术、制造执行系统(Manufacturing Execution System，MES)技术、柔性制造系统(Flexible Manufacturing System，FMS)技术和工厂自动化(Factory Automation，FA)技术的基础就是加工设备级通信和生产车间级通信。

6. 智能化技术

智能化是指在人工智能、互联网、大数据等技术的支持下，让事物具备人的各种思维模式的过程。在《中国制造2025》指导方针下，智能化转型是制造业的重点发展方向，随着时间的推移，智能化技术在加工过程智能运维中的应用越来越广泛，按使用层面可分为加工智能化、管理智能化、维护智能化和编程智能化四大部分。

（1）加工智能化

加工智能化是指通过将智能化的加工技术应用到数控机床和加工生产线中，使整个生产过程变得更加智能化。典型的智能化加工技术应用主要有以下几种。

①虚拟机床加工技术。虚拟机床加工技术是虚拟制造领域中的一项关键技术，它以计算机图形学和数控加工技术为基础，集人工智能、网络技术、多媒体技术和虚拟现实等多项技术于一体，在虚拟环境中对实际数控加工过程的环境和全过程进行高度真实的模拟、实现了数控加工的可视化。虚拟机床加工技术能预演一遍真实的数控加工过程，对实际加工中可能出现的诸如机床和刀具碰撞干涉、程序错误等问题提前排查，还能评估机床的运动行为，确定程序运行时间，优化加工参数和加工过程等，从而最大限度地缩短产品的设计制造周期，提高生产效率，降低成本。

虚拟机床加工技术本质是一种仿真技术，包含几何仿真和物理仿真两个方面。几何仿真主要研究如何将现实世界的物体尽可能完整地镜像到虚拟（计算机）环境中。镜像物体应具备现实物体的实体特征，如几何、材料、密度等属性。物理仿真主要研究如何真实模拟在现实加工环境中切削力、热变形、加工误差、负载变化等因素对工件加工质量的影响。几何仿真可实现验证零件的可加工性、快速编制数控程序、检验数控机床的加工轨迹和碰撞干涉情况、评定加工效率等功能，而物理仿真的应用主要涉及切削力仿真、切削振动仿真、刀具磨损和切屑形状预测、加工误差预测及切削参数、刀具路径优化等诸多方面。两者主要的不同之处在于，几何仿真是假设机床处于理想运行状态下（没有振动、机床不变形、没有定位误差、没有机床运动误差、刀具完好、工件材质均匀等），而物理仿真则考虑机床在实际运行状况下遇到的问题。两者的联系与区别如图2-23所示。

②自动上下料技术在现代企业工厂的生产流水线中，工件在数控机床上的上下料操作主要由工业机器人完成。工业机器人是综合运用了机械技术、微电子与计算机技术、自动控制与驱动技术、检测与传感技术等多交叉学科技术的产物，具有十分广泛的应用前景。自动上下料作为机械手应用的一种重要方面，在国内外的生产线和高端机床中被大量使用。工业机器人作为机床的附属装置，配合机床的动作，自动地完成工件的上下料动作，不仅动作快速，而且重复定位高，可长时间作业，起到了提高产品质量及生产效率、加快生产节拍、节省人力成本等重大作用。

③防碰撞技术在现代生产过程中，随着复合加工机床、五轴联动机床等生产设备的机械结构复杂化，机械运动和机械操作也日益复杂，机床刀具和工件以及夹具的干涉、机床单元间的干涉也更加容易发生。机床的碰撞轻则损害机床的精度，重则导致设备损毁甚至人员伤亡。为了避免这类情况的发生，防碰撞技术的应用显得尤为重要。

数控机床的防碰撞技术结合了虚拟机床加工技术和数控实时控制技术，能够消除因数控机床的潜在干涉碰撞问题引起的操作人员的不安全因素，让操作人员能放心大胆地操作机床，从而大大缩短加工准备时间和试切削时间，并能够消除因意外碰撞造成的停机损失，充分发挥出机床的加工生产优势。

④数控系统集成的加工智能技术由于数控系统本身的计算能力有限，所以很多智能化技术都是部署在云端或工业计算机上，不过，也有一些和加工过程紧密相关的智能技术可以直接集成在数控系统内。比较典型的有切削参数在线优化技术、精优曲面控制技术、主轴临界转速规避技术等。

⑤切削参数在线优化技术。在目前的数控加工中，数控机床执行的加工程序大多都是人为编制的，所采用的切削参数也是人工根据经验选择最保守的数值，且在切削过程中固定不变。这样在加工一些具有复杂形貌的工件

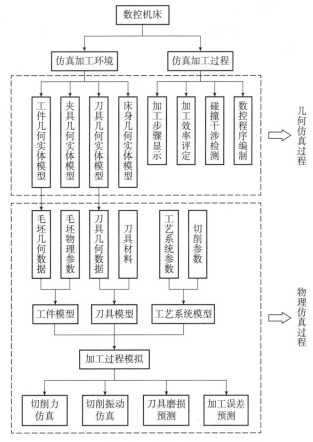

图2-23　虚拟加工技术工作流程总体框图

时，势必会造成数控机床生产率低下，加工刀具、机床易于疲劳损坏。切削参数在线优化技术则弥补了这一大短板。

⑥精优曲面控制技术。精优曲面控制技术可以优化复杂曲面的加工过程，通过优秀的运动控制方法，计算出最佳表面过渡，保证刀具的移动速度始终处在最合适的范围内。在进行复杂曲面轮廓铣削或自由曲面铣削时，能够让刀具的各个微小插补路径和谐地重叠前进，从而达到镜面级的加工质量和最佳的轮廓精度，并大大缩减加工时间。

⑦主轴临界转速规避技术。主轴临界转速是指主轴的一阶共振转速。当主轴的工作转速处于其共振转速段时，会发生显著的颤振，严重影响机床的加工质量，所以在加工时需要避开主轴的临界转速。主轴临界转速规避技术的工作原理是：让主轴在整个工作转速范围内从低速到高速缓步提升转速运转一遍，再从高速到低速运转一遍，通过振动传感器检测出整个运转过程中的异常值，从而确定主轴的临界转速。

（2）数控机床的管理智能化

①网络数控技术。网络数控技术是实现数控机床管理智能化的重要基础，也是制造系统的发展趋势。网络数控系统是网络化制造的基本组成单位，以集成为手段，融合数控技

术、网络技术、计算机技术和通信技术等，用于数控系统的网络通信，最终形成一个开放的、智能化网络数控制造单元，从而实现控制远程化、故障诊断分析远程化，并实现资源共享和利用。

②刀具管理技术。刀具管理是数控机床管理智能化中一项非常重要的功能，在提高设备的利用率、提高产品质量以及延长刀具寿命等方面起到关键作用。与传统普通刀具相比，数控刀具的应用存在专业性强、数据量大、业务过程复杂等显著特点。基于这些特点，在数控刀具管理过程中，需要重点关注刀具应用知识管理和刀具业务协同，其中主要涉及刀具应用知识库、统一的刀具信息数据库、刀具搜索引擎和数据获取机制等关键技术环节。

③生产过程的智能管理技术。智能化的数控机床只是实现智能化制造最基本的前提，而智能化的生产过程管理才是实现生产计划在制造职能部门进行执行的关键。生产过程管理统一分发执行计划，进行生产计划和现场信息的统一协调管理。生产过程的智能化管理技术通过生产制造执行系统与底层的工业控制网络进行生产执行层面的管控，操作人员/管理人员提供计划的执行、跟踪以及所有资源(人、设备、物料、客户需求等)的当前状态的记录，同时获取底层工业网络对设备工作状态、实物生产记录等信息的反馈。MES 的项目目标如图 2-24 所示。

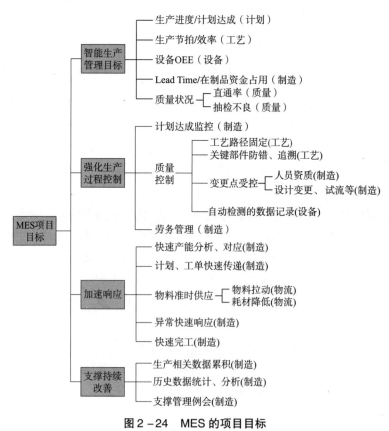

图 2-24　MES 的项目目标

（3）数控机床的维护智能化

①智能化数控机床监控技术，该技术主要是通过对数控机床的数据采集、数据压缩和数据可视化等技术，实现对数控机床运行过程的智能监控，提高机床的制造效率。可分为机床终端在线监控与远程监控，主要适用于不同的监控群体需求。前者主要运用三维数字可视化技术搭建机床三维仿真模型，通过实时传输的加工状态信息，能够实际监控机床的运行状态以及加工状态，节约了运维成本。后者运用云端的大数据管理，可以实现远程的数控机床监控，实时监测不同机床的工作状态，并记录机床的各项健康指数评估状态，对整体生产线、车间等进行多方面监控，进行故障状态的实时处理和维护。

智能化数控机床监控技术主要包括智能主轴监控、进给轴监控、刀具刀库监控等部分，根据对相应传感器信号的处理和分析，得到实时的状态监测。数控机床监控系统组成如图 2 - 25 所示。

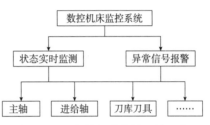

图 2 - 25　数控机床监控系统组成

②智能化健康保障技术在机床的智能监控技术基础上，通过大数据分析和人工智能相关算法与技术(通常采用的方法包括神经网络、模糊聚类、支持向量机以及深度学习相关算法)的应用，得到关于机床各部件以及整体的健康状态评估、寿命评估、动态性能评估以及可靠性分析等。同时，可以分析机床的可用性和利用率，采集并统计机床的报警消息，实现在数控机床加工过程中对加工状态的准确分析，为故障分析提供决策依据，帮助用户预防数控机床故障的产生。健康保障关键技术及关键对象如图 2 - 26 所示。

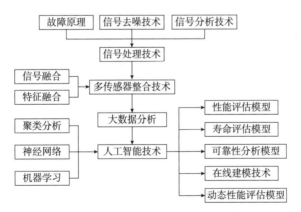

图 2 - 26　健康保障关键技术及关键对象

③智能化热误差补偿技术。机床的几何误差(由机床本身制造、装配缺陷造成的误差)、热误差(由机床温度变化而引起热变形造成的误差)及切削力误差(由机床切削力引起力变形造成的误差)是影响加工精度的关键因素，这 3 项误差可占总加工误差的 80% 左右，其中热误差是加工过程中主要影响因素。

提高机床加工精度有两种基本方法：误差预防法和误差补偿法。误差预防法是一种"硬技术"，可通过设计和制造途径消除或减少可能的误差源，靠提高机床制作精度来满足加工精度要求。而误差预防法有很大的局限性，即使能够实现，在经济上的代价往往是很高的。而误差补偿法是使用软件技术，人为产生出一种新的误差去抵消当前成为问题的原始误差，是一种既有效又经济地提高机床加工精度的手段。常用的热误差补偿建模方法如图 2-27 所示。

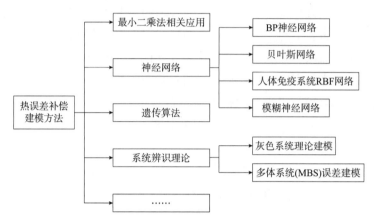

图 2-27　常用的热误差补偿建模方法

（4）编程智能化

在智能制造发展的进程中，智能化已经成为数控系统发展的明确目标。数控编程系统是 CAD/CAPP/CAM 三者的集成，使得编程更加智能化。诸如加工对象，约束条件，刀具选择、工艺参数等减少了人工操作，而直接由 CAPP 数据库提供，降低了对从业者工程素质的依赖以及工程实践的要求，避免了人工操作的编程错误，提高了编程的准确性和鲁棒性。

一个智能数控编程系统的结构包括数据层、应用层、交互层三个层次，如图 2-28 所示。数据层提供平台运行的数据库环境，该层次采用开放式结构，可根据应用需求设立或扩展。应用层根据自主识别加工特征，响应系统发出的指令，实现智能化编程和程序拼接，提高效率。交互层为应用层提供集成环境，面向工程师，提供更加人性化的编程环境。

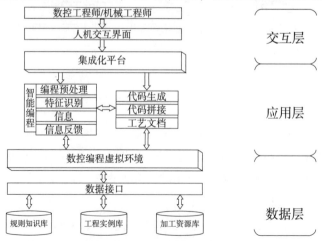

图 2-28　智能数控编程系统结构

2.4.4 加工过程智能运维系统实施典型案例

1. 机床二维码故障远程诊断

在传统加工过程中，加工机床如果出现故障，则其报警信息将直接显示在机床数控面板上，由操作人员根据经验进行相应的处理。在该流程中，故障的处理速度很大程度上取决于操作人员的相关经验；且在故障解决后，相关解决方案难以形成案例库，无法对后续类似情况起指导作用。针对上述问题，华中数控系统开发了机床二维码故障远程诊断功能，通过扫描机床二维码，即可将检测及检修中遇到的问题提交到云端，并从云端获取相应的指导方案。

机床二维码故障远程诊断流程如图 2 - 29 所示。操作人员可利用手机扫描该二维码，获取相关的故障信息并上传到云端案例库，由云端案例库进行自动匹配。云端案例库若找到相关案例，则向手机发送已有案例的具体信息(维修时间、地点、人员)，并提供维修建议；若无法找到相关案例，则将该故障录入，待成功解决后，形成案例存入云端案例库中，以供后续查找。

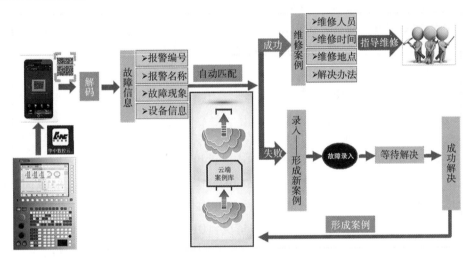

图 2 -29 机床二维码故障远程诊断流程

在实际生产过程中，某台机床于 2015 年 7 月 5 日下午出现报警提示，报警信息为"用户 PLC - G3010.5：主轴电动机油冷异常(x005)"，并获取到历史案例信息及相关检修建议。根据检索的信息，可以判断这个报警为外部信号，油冷机工作异常和与油冷机连接的继电器损坏都可产生报警信号。

华中数控公司相关技术人员随后进行跟进，发现警报已解除。询问相关维修人员，了解到该机床在四个月前因油冷机爆裂而更换过油冷机。更换后，机床若是停机三五天，再起动就会出现主轴电动机油冷异常的报警，但将油冷机进行断电重启，警报便能消除。从重启油冷机便可消除报警来看，可基本确定为油冷机工作异常所致，所以公司技术人员建议现场维修人员在下次出现报警后，及时检查油冷机，根据油冷机上的报警号，对照说明

书排查故障原因，即可顺利解决报警问题。在上述案例中可以看到，该机床二维码故障远程诊断系统不仅具有丰富的案例库，可针对相关问题提出切实可行的解决方案，也方便华中数控公司的技术人员在实际问题发生后快速地对问题进行跟进，这在极大程度上提高了实际故障解除的效率。

2. 基于指令域的机床健康保障技术

随着数控技术的迅速发展和普及，众多自动化或半自动化生产线开始采用数控机床作为加工设备，这极大地提高了加工效率和加工质量，并减少了人力劳动成本。但与此同时，数控机床故障的诊断与预测性维护变得尤为重要。传统的检修方法为定期检查及维护，会打乱正常的加工秩序，影响生产效率，况且众多机床的检修工作量也太大。然而，在数控机床出现故障后才维修，又会造成更大的经济损失，严重时甚至可能导致安全事故的发生。因此，如何做好机床的健康保障工作，既实现对数控机床健康状态的快速、批量检查及可视化管理，又可以通过预测性维护提前排除机床的隐患，成为目前研究的热点方向之一。

华中数控公司基于其数控系统的机床指令域大数据访问接口，创建了基于指令域的机床健康保障功能模块，其主要工作流程如下：

(1)利用指令域分析法，分析机床加工过程中所上传的加工状态数据，如电流值、指令位置、实际位置等，并提取相关的指令特征。

(2)对当前的体检数据向量 $B = (b[1], b[2], \cdots, b[n])$ 与基准向量 $A = (a[1], a[2], \cdots, a[n])$ 求欧氏距离，并将获得的距离值采用 Sigmoid 函数进行处理，得到最后的诊断结果。

目前，该健康保障功能模块可对机床的主轴、刀库、X 轴、Y 轴、Z 轴进行分析，并对每一台机床建立与之对应的机床健康档案库。在机床空闲时间(如刚开机时)，数控系统执行内部已有的自检程序，便可获取机床当前的健康指数，将其与历史情况(纵向)和与其他机床健康指数(横向)进行比对，便可诊断该机床的健康状态，实现机床的自检测功能。如表 2-1 所示，D08 号机床刀库出现异常情况，D11 号机床主轴出现异常情况。于是检修人员可根据诊断结果进行有针对性的维修，这极大地提升了检修效率，同时也避免了对正常机床进行的无用检修。

表 2-1 机床健康保障系统横向对比

机床编号	X 轴	Y 轴	Z 轴	主轴	刀库	机床
D01	0.953	0.954	0.921	0.976	0.942	0.9492
D02	0.933	0.969	0.963	0.955	0.954	0.9548
D03	0.95	0.934	0.952	0.944	0.96	0.948
D04	0.9	0.929	0.944	0.936	0.955	0.9328
D05	0.979	0.974	0.984	0.954	0.977	0.9736
D06	0.978	0.973	0.978	0.945	0.977	0.9702

续表

机床编号	X 轴	Y 轴	Z 轴	主轴	刀库	机床
D07	0.948	0.958	0.964	0.949	0.962	0.9562
D08	0.977	0.968	0.963	0.89	0.762	**0.912**
D09	0.957	0.968	0.971	0.883	0.96	0.9478
D10	0.972	0.98	0.953	0.987	0.98	0.9744
D11	0.956	0.941	0.956	0.312	0.907	**0.8144**
D12	0.93	0.952	0.953	0.951	0.98	0.9532
D13	0.962	0.9	0.937	0.974	0.971	0.9488
D14	0.96	0.965	0.965	0.94	0.968	0.9596
D15	0.985	0.976	0.976	0.954	0.892	0.9566

第3章　智能制造装备

3.1　工业机器人

3.1.1　工业机器人发展

机器人作为新兴的智能制造的重要载体，被称为"制造业皇冠上的明珠"。国际机器人联合会（International Federation of Robotics，IFR）将机器人定义如下：机器人是一种半自主或全自助工作的机器，它能完成有益于人类的工作，应用于生产过程的称为工业机器人，应用于特殊环境的称为专用机器人（特种机器人），应用于家庭或直接服务人的称为（家政）服务机器人。根据对这种内涵广义的理解，机器人是自动化机器，而不应该理解为像人一样的机器，如图3-1所示。

图3-1　工业机器人

国际标准化组织（International Organization for Standardization，ISO）对机器人的定义为：机器人是一种自动的、位置可控的，且有编程能力的多功能机械手，这种机械手具有几个轴，能够借助于可编程序操作处理各种资料、零件、工具和专用装置，以执行种种任务。按照ISO的定义，工业机器人是面向工业领域的多关节机械手或多自由度的机器人，是自动执行工作的机器装置，是靠自身动力和控制能力来实现各种功能的一种机器；它接收人类的指令后，将按照设定的程序执行运动路径和作业。工业机器人的典型应用包括焊接、喷涂、组装、采集和放置（例如包装和码垛等）产品、检测和测试等。

现代工业机器人的发展开始于20世纪中期，依托计算机、自动化以及原子能的快速发展。为了满足大批量产品制造的迫切需求，并伴随着相关自动化技术的发展，数控机床于1952年诞生，数控机床的控制系统、伺服电动机、减速器等关键零部件为工业机器人的开发打下了坚实的基础；同时，在原子能等核辐射环境下的作业，迫切需要特殊环境作业机械臂代替人进行操作与处理。基于此种需求，1947年美国阿尔贡研究所研发了遥操作机械手，1948年研制了机械式的主从机械手。1954年，美国的戴沃尔对工业机器人的概念进行了定义，并进行了专利申请。1962年，美国的AMF公司推出的 UNIMATE 是工业机器人较早的实用机型，其控制方式与数控机床类似，但在外形上类似于人的手和臂。1965 年，一种具有视觉传感器并能对简单积木进行识别、定位的机器人系统在美国麻省理工学院研制完成。1967 年，机械手研究协会在日本成立，并召开了首届日本机器人学术会议。1970 年，第一届国际工业机器人学术会议在美国举行，促进了机器人相关研究的发展。1970 年以后，工业机器人的研究得到广泛较快的发展。

20 世纪 80 年代，受传感器技术发展的影响，工业机器人的感知能力得到大幅提升，传感器的应用使得机器人能够感知和识别周围环境，更好地适应不同的工作场景，这时机器人开始具备更多的交互能力和自适应能力。20 世纪 90 年代，工业机器人的发展进入了智能化阶段，智能控制技术的引入使得机器人能够更好地理解和响应人类的指令，工业机器人逐渐向着人机协作、灵活生产的方向发展。2000 年至今，工业机器人产业处于产业升级和智慧化阶段。这一时期，5G、大数据、人工智能技术等的蓬勃发展，极大推动了产业智慧化的进程。

2021 年，工业和信息化部等印发了《"十四五"机器人产业发展规划》，加速了我国机器人产业的发展，以应用分类来看，尤以工业机器人、服务机器人等领域发展更为繁荣。2023 年 10 月，国际机器人联合会（IFR）发布的《2023 世界机器人报告》披露，2022 年度全球工厂中，新安装工业机器人数量为 553052 台。在市场需求和政策引导双重作用下，工业机器人应用落地，已呈现多面开花的景象。制造业是其应用落地最为集中的领域，比如汽车、电子、食品加工、光伏、金属加工、化学制品、采矿和纺织等产业，都随处可见工业机器人的身影。工业机器人已经成为现代生产中不可缺少的高度自动化设备。

3.1.2　工业机器人基本组成结构

工业机器人是面向工业领域的多关节机械手或者多自由度机器人，它的出现是为了解放人工劳动力、提高企业生产效率。工业机器人的基本组成结构则是实现机器人功能的基础，下面详细介绍工业机器人的结构组成。工业机器人、现代工业机器人大部分都是由三大部分六大系统组成。

1. 机械部分

机械部分是机器人的血肉组成部分，也就是我们常说的机器人本体部分。这部分主要可以分为两个系统。

（1）驱动系统

要使机器人运行起来，需要在各个关节安装传感装置和传动装置，这就是驱动系统。它的作用是提供机器人各部分、各关节动作的原动力。驱动系统传动部分可以是液压传动系统、电动传动系统、气动传动系统，也可以是几种系统结合起来的综合传动系统。

（2）机械结构系统

工业机器人机械结构系统主要由四大部分构成：机身、臂部、腕部和手部。每一个部分具有若干个自由度，构成一个多自由度的机械系统。末端操作器是直接安装在手腕上的一个重要部件，它可以是多手指的手爪，也可以是喷漆枪或者焊具等作业工具。

2. 感知部分

感知部分就好比人类的五官，为机器人工作提供感觉，使机器人工作过程更加精确。这部分主要可以分为以下两个系统。

(1) 传感系统

传感系统由内部传感器模块和外部传感器模块组成，用于获取内部和外部环境状态中有意义的信息。智能传感器可以提高机器人的机动性、适应性和智能化的水准。对于一些特殊的信息，传感器的灵敏度甚至可以超越人类的感觉系统。

(2) 机器人—环境交互系统

机器人—环境交互系统是实现工业机器人与外部环境中的设备相互联系和协调的系统。可以是工业机器人与外部设备集成为一个功能单元，如加工制造单元、焊接单元、装配单元等。也可以是多台机器人、多台机床设备或者多个零件存储装置集成为一个能执行复杂任务的功能单元。

3. 控制部分

控制部分相当于机器人的大脑，可以直接或者通过人工对机器人的动作进行控制，控制部分也可以分为以下两个系统。

(1) 人机交互系统

人机交互系统是使操作人员参与机器人控制并与机器人进行联系的装置，例如，计算机的准终端、指令控制台、信息显示板、危险信号警报器、示教盒等。简单来说，该系统可以分为两大部分：指令给定系统和信息显示装置。

(2) 控制系统

控制系统主要是根据机器人的作业指令程序以及从传感器反馈回来的信号来支配执行机构去完成规定的运动和功能的装置。根据控制原理，控制系统可以分为程序控制系统、适应性控制系统和人工智能控制系统三种。根据运动形式，控制系统可以分为点位控制系统和轨迹控制系统两大类。

通过这三大部分六大系统的协调作业，工业机器人成为一台高精密度的机械设备，具有工作精度高、稳定性强、工作速度快等特点，为企业提高生产效率和产品质量奠定了基础。

3.1.3 工业机器人核心关键技术

1. 工业机器人灵巧操作技术

目前，工业机器人机械臂和机械手在制造业应用中模仿人手的灵巧操作，未来要在高精度高可靠性感知、规划和控制性方面开展关键技术研发，最终实现通过独立关节以及创新机构、传感器，达到人手级别的触觉感知。动力学性能超过人手的高复杂度机械手能够进行整只手的握取，并能承担工人在加工制造环境中的灵活性操作工作。

在工业机器人创新机构和高执行效力驱动器方面，通过改进机械装置和执行机构以提高工业机器人的精度、可重复性、分辨率等各项性能。进而，在与人类共存的环境中，工业机器人驱动器和执行机构的设计、材料的选择，需要考虑驱动安全性。创新机构包括外骨骼、智能假肢，需要高强度的自重/负载比、低排放执行器、人与机械之间自然的交互机构等。

2. 工业机器人自主导航技术

在由静态障碍物、车辆、行人和动物组成的非结构化环境中实现安全的自主导航，对于装配生产线上将原材料进行装卸处理的搬运机器人、原材料到成品的高效运输的 AGV 工业机器人，以及类似于入库存储和调配的后勤操作、采矿和建筑装备的工业机器人等机器人来说，均为关键技术，需要进一步深入研发。

无人驾驶汽车的自主导航就是一个典型的应用，通过研发实现在有清晰照明和路标的任意现代化城镇上行驶，并能够展示出其在安全性方面可以与有人驾驶车辆相提并论。自主车辆在一些领域甚至能比人类驾驶做得更好，比如：自主导航通过矿区或者建筑区、倒车入库、并排停车以及紧急情况下的减速和停车。

3. 工业机器人环境感知与传感技术

未来将大大提高工厂的感知系统，以检测机器人及周围设备的任务进展情况，能够及时检测部件和产品组件的生产情况、估算出生产人员的情绪和身体状态，需要攻克高精度的触觉、力觉传感器和图像解析算法，重大的技术挑战包括非侵入式的生物传感器及表达人类行为和情绪的模型。通过高精度传感器构建用于装配任务和跟踪任务进度的物理模型，以减少自动化生产环节中的不确定性。

多品种、小批量生产的工业机器人将更加智能，更加灵活，而且将可以在非结构化环境中运行，并且这种环境中包含有人类/生产者参与，从而增加了对非结构化环境感知与自主导航的难度，需要攻克的关键技术包括 3D 环境感知的自动化，使其在非结构坏境中也可实现产品批量生产，适应机器人在加工车间中的典型非结构化环境。

4. 工业机器人的人机交互技术

未来工业机器人的研发中越来越强调新型人机合作的重要性，研究全浸入式图形化环境、三维全息环境建模、真实三维虚拟现实装置，以及力、温度、振动等多物理作用效应人机交互装置。为了实现机器人与人类生活行为环境以及人类自身和谐共处的目标，需要解决的关键问题包括：机器人本质安全问题，保障机器人与人、环境间的绝对安全共处；任务环境的自主适应问题，自主适应个体差异、任务及生产环境；多样化作业工具的操作问题，灵活使用各种执行器完成复杂操作；人—机高效协同问题，准确理解人的需求并主动协助。

在生产环境中，注重人类与机器人之间交互的安全性。根据终端用户的需求设计工业机器人系统以及相关产品和任务，将保证人机交互更自然，不仅是安全的而且效益更高。人和机器人的交互操作设计包括自然语言、手势、视觉和触觉技术等，也是未来机器人发展需要考虑的问题。工业机器人必须容易示教，而且人类易于学习如何操作。机器人系统应设立学习辅助功能用以实现机器人的使用、维护、学习和错误诊断/故障修复等。

5. 基于实时操作系统和高速通信总线的工业机器人开放式控制技术

基于实时操作系统和高速通信总线的工业机器人开放式控制系统，采用基于模块化的机器人的分布式软件结构设计，实现机器人系统不同功能之间无缝连接，通过合理划分机器人模块，降低机器人系统集成难度，提高机器人控制系统软件体系实时性；攻克现有机器人开源软件与机器人操作系统兼容性、工业机器人模块化软硬件设计与接口规范及集成平台的软件评估与测试方法、工业机器人控制系统硬件和软件开放性等关键技术；综合考虑总线实时性要求，攻克工业机器人伺服通信总线，针对不同应用和不同性能的工业机器人对总线的要求，攻克总线通信协议、支持总线通信的分布式控制系统体系结构，支持典型多轴工业机器人控制系统及与工厂自动化设备的快速集成。

3.2 高档数控机床

3.2.1 数控机床发展

机床经历了三个阶段的发展：第一阶段是电气化。19 世纪 30 年代，电动机的发明使加工装备实现了驱动的电气化。第二阶段是数字化。20 世纪中叶，计算机的诞生，实现了计算机和加工装备的良好结合，也就是现在广泛应用的数控机床和装备，通过数控程序可以实现机床的自动化操作和加工。但编程人员难以应付切削数据库、机床刀具特性及千变万化的工件材料、结构和加工过程失去稳定带来的加工精度和效率等间题，导致目前很多数控机床的能力发挥仅在 10% 左右。第三阶段是智能化。针对目前数控机床存在的以上技术问题，最近几年陆续出现了智能机床，它在数控机床的基础上集成了若干智能控制软件和模块，从而实现了工艺的自动优化，装备的加工质量和效率有了显著提升。由于配置了相应软件和模块其本身的价值提升了 30%～300%。高档数控机床如图 3-2 所示。

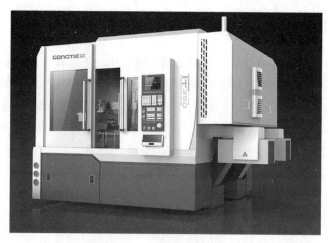

图 3-2 高档数控机床

智能机床的出现，为未来装备制造业实现全盘生产自动化创造了条件。智能机床通过自动抑制振动、减少热变形、防止干涉、自动调节润滑油量、减少噪声等，可提高机床的加工精度、效率。对于进一步发展集成制造系统来说，单个机床自动化水平提高后，可以大大减少人在管理机床方面的工作量。

智能机床使人能有更多的时间和精力来解决机床以外的复杂问题，并能进一步发展智能机床和智能系统。数控系统的开发创新，对于机床智能化起到了极其重要的作用。它能够收容大量信息，对各种信息进行储存、分析、处理、判断、调节、优化、控制。智能机床还具有重要功能，如工具夹数据库，对话型编程，刀具路径检验，工序加工时间分析，开工时间状况解析，实际加工负荷监视，加工导航、调节、优化，以及适应控制。

信息技术的发展以及机器与传统机床的融合，使机床朝着数字化、集成化和智能化的方向发展。数字化制造设备、数字化生产线、数字化工厂的应用空间将越来越大；而采用智能技术来实现多信息融合下的重构优化的智能决策、过程适应控制、误差补偿智能控制、复杂曲面加工运动轨迹优化控制、故障自诊断和智能维护以及信息集成等功能，将大大提升成型和加工精度，提高制造效率。数控机床需要加强信息方面的智能判断。

3.2.2 智能机床

1. 智能机床定义

对于智能机床目前还没有统一的定义，国内外各专家学者对此有不同的见解。美国国家标准技术研究所(National Institute of Standards and Technology，NIST)下属的制造工程实验室(Manufacturing Engineering Laboratory，MEL)认为智能机床是具有如下功能的数控机床或加工中心：

(1)能够感知其自身的状态和加工能力并能够进行标定；

(2)能够监视和优化自身的加工行为；

(3)能够对所加工工件的质量进行评估；

(4)具有自学习的能力。

MaZak公司对智能机床的定义：机床能对自己进行监控，可自行分析众多与机床、加工状态、环境有关的信息及其他因素，然后自行采取应对措施来保证最优化的加工。

结合国内外在智能机床方面的研究成果，有学者给出了狭义和广义的智能机床定义。

狭义智能机床的定义：对其加工制造过程能够智能辅助决策、自动感知、智能监测、智能调节和智能维护的机床。从而支持加工制造过程的高效、优质和低耗的多目标优化进行。

广义智能机床的定义：以人为中心，由机器协助，通过自动感知、智能决策以及智能执行方式，将固体材料经由一动力源推动，以物理的、化学的或其他方法进行成型加工的机械；以一定方式将各类智能功能组合来支持所在制造系统高效、优质和低碳等多目标优化运行的加工机械。

狭义智能机床定义强调的是单机所具有的智能功能和对加工过程多目标优化的支持性，而广义智能机床定义强调的是在以人为中心、人机协调的宗旨下，机床以及一定方式组合的加工设备或生产线所具有的智能功能和对制造系统多目标优化运行的支持性。

2. 智能机床技术特征

（1）人、计、机的协同性。人在生产活动中是非常活跃的和具有巨大灵活性的因素，智能机床的研究开发和应用应以人为中心，人、计算机和机械以及各类软件系统共处在一个系统中，互相独立，发挥着各自特长，取长补短，协同工作，从而使整个系统创造最佳效益。

（2）整体与局部的协调性。一方面，智能机床的各智能功能部件、数控系统各类执行机构以及各类控制软件从局部上相互配合，协调完成各类工作，实现智能机床上的局部协调；另一方面，在局部协调的基础上，人和机床装备（包括软件和硬件）在包括人的头脑（智慧、经验和技能等）、智能计算机系统的知识库和一般数据库等构成信息库支撑下，实现智能机床整体上的协同。

（3）智能的恰当性与无止性。一方面，由于技术的限制以及人们对机床智能化水平的要求和认识的不同，机床本身的智能化水平的不同，机床在特定时期以及特定应用领域的智能化水平是一定的，只要能恰当地满足用户的需要就认为是智能机床；另一方面，随着技术的发展和人们对机床智能化的要求和认识的不断提高，从智能机床发展的角度来看，其智能化水平是无止境的、不断提高的。

（4）自学习及其能力持续提高性。现实的生产加工过程千差万别，智能机床的智能体现重要方面之一是在不确定环境下，通过分析已有案例和人脑的智慧的形式表达，自学习相关控制和决策算法，并在实际工作中不断提升这种能力。

（5）自治与集中的统一性。一方面，根据加工任务以及自身具有集自主检测、智能诊断、自我优化加工行为、智能监控为一体的执行能力，智能机床可独立完成加工任务，出现故障时可自我修复，同时不断总结和分析发生在自己身上的各种事件和经验教训，不断提高自身的智能化水平；另一方面，为满足服务性制造的需要和更好地提高机床的智能化水平，智能机床应具有集中管控的能力，以使机床不仅能通过自学习提高智能水平，通过共享方式还能运用同类机床所获取到的、经过提炼的知识来提高自己，同时，通过远程的监控和维护维修提高其利用率。

（6）结构的开放性和可扩展性。技术是不断发展的，客户的要求是不断变化的，机床的智能也是无止境的。为满足客户的需要和适应技术的发展，设计开发的智能机床在结构上应该是开放的，其各类接口系统（包括软硬件）对各供应商应是开放的，同时，随时可根据新的需要，配置各种功能部件和软件。

（7）制造与加工的绿色性。为满足低碳制造和可持续发展的需要，对于制造厂家，要求设计制造智能机床时保证其绿色性，同时保证生产出的产品本身是绿色的，对于用户，应保证其加工使用过程的绿色性。

（8）智能的贯穿性。在智能机床设计、制造、使用、再制造和报废的全生命周期过程中，应充分体现其智能性，实现其智能化的设计、智能化的制造、智能化的加工、智能化的再制造和智能化的报废。

3.2.3 智能机床功能特征

对于不同的类型,智能机床就其功能本身来说千差万别,其智能功能应是恰当和无止境的,是不断变化的,但从本质来说,其智能功能特征应具有一个中心、三类基本功能。

(1)一个中心——以人为中心的人、计、机动态交互功能

在智能机床中,人、计算机与机床(机床机械和电气部分)之间及时信息传递与反馈、配合和结合是实现超过普通机床制造能力和智力的关键,因此,智能机床中的人、计、机动态交互功能是其重要功能特征之一。其动态交互功能应具有支撑三类基本功能完成的作用。

在智能机床中,人是一个最不确定的因素,需要采用语音提示、自然语言识别、人工智能、粗糙集和模糊集等理论和技术,建立一个具有超鲁棒性以及人、计、机高度耦合和融合的动态交互界面,保证机床高效、优质和低耗地运行。

(2)三类基本功能

①执行智能功能。在加工任务执行时,应具有集自主检测、智能诊断、自我优化加工行为、远程智能监控为一体的执行能力。

②准备智能功能。在加工任务准备时,应具有在不确定变化环境中自主规划工艺参数、编制加工代码、确定控制逻辑等最佳行为策略能力。

③维护智能功能。在机床维护时,具有自主故障检和智能维修维护以及远程智能维护的功能,同时具有自学习和共享学习的能力。

3.2.4 国内外发展现状

在数控机床领域,美国、德国、日本三国是当前世界数控机床生产、使用实力最强的国家,是世界数控机床技术发展、开拓的先驱。

美国政府高度重视数控机床的发展。美国国防部等部门不断提出机床的发展方向、科研任务,并提供充足的经费,且网罗世界人才,特别讲究效率和创新,注重基础科研,因而在数控机床技术上不断有创新成果。美国以宇航尖端、汽车生产为重点,因此需求较多高性能、高档数控机床,几家著名机床公司如辛辛那提(Cincinnati,现为 MAG 下属企业)、Giddings&Lewis(MAG 下属企业)、哈挺(Hardinge)、格里森(Gleason)、哈斯(Haas)等公司,长期以来均生产高精、高效、高自动化数控机床以满足美国市场需求。由于美国结合汽车和轴承生产需求,充分发展了大量大批生产自动化所需的自动线,而且电子、计算机技术在世界上领先,因此其数控机床的主机设计、制造及数控系统基础扎实,且一贯重视科研和创新,故其高性能数控机床技术在世界也一直领先。

德国政府一贯重视机床工业的重要战略地位,认为机床工业是整个机器制造业中最重要、最活跃、最具创造力的部门,特别讲究"实际"与"实效"。德国坚持"以人为本",不断提高人员素质;注重科学试验,坚持理论与实际相结合、基础科研与应用技术科研并重,比美国偏精尖和日本偏重于应用技术更高一筹;加强企业与大学科研部门之间的紧密

合作，对产品、加工工艺、机床布局结构、数控机床的共性和特性问题进行深入的研究；在质量上精益求精。德国的数控机床质量及性能良好，先进实用，出口遍及世界，尤其是大型、重型、精密机床。此外，德国还重视数控机床主机配套件的先进实用性，其机、电、液、气、光、刀具、测量、数控系统等各种功能部件在质量、性能上居世界前列。如西门子公司的效控系统，为世界闻名，竞相采用。全球知名的德国机床生产企业主要有：通快(Trumpt)、吉迈特(GildemeisterN)，舒勒(Schuler)、格劳博(Grob)、埃马克(Emag)、因代克斯(Index)、恒轮(Heller)、斯来福林(Korber Schleifring)等。

日本十分重视数控机床技术的研究和开发。日本在数控机床发展上采取"先仿后创"的战略，在机床部件配套方面学习德国，在数控技术和数控系统的开发研究方面学习美国，并改进和发展了两国的成果，取得了较好的效果。日本先生产量大而广的中档数控机床，大量出口，占据世界广大市场。日本生产的数控机床，少部分即可满足本国汽车工业和机械工业各部门的需求，绝大多数用于出口，占领广大世界市场，获取最大利润。目前日本的数控机床几乎遍及世界各个国家和地区，成为不可缺少的机械加工工具。日本政府重点扶持发那科(Fanuc)公司开发数控机床的数控系统，该公司开发的数控系统占全球近一半的市场份额；其他厂家则重点研发机械加工部分，较为著名的生产企业有马扎克(Mazak)、天田(Amada)、捷太格特(Jtekt)、大隈(Okuma)、森精机(MoriSeiki)、牧野(Makino)等。

此外，欧盟地区科研力量雄厚，基础工业先进，欧盟地区机床工业发达，在世界机床行业竞争中保持领先地位。欧盟经济体是世界最大机床生产基地之一，欧洲机床工业合作委员会(CECIMO)有15个成员国，覆盖了绝大部分欧盟机床制造企业。欧盟下属的瑞士精密机床、意大利通用机床在世界享有很高声望，西班牙、法国、英国、奥地利和瑞典等的机床工业也具有一定地位。全球知名的机床生产企业主要有：瑞士阿奇夏米尔(Agie Char-milles)；意大利柯马(Comau)、菲迪亚(Fidia)、萨克曼(Sachman Rambaudi)；奥地利WFL车铣技术公司、Emco公司；西班牙达诺巴特(Danobat)、尼古拉斯·克雷亚(Nicolas Correa)、阿德拉(Atera)机器制造商集团等。

2008年底，我国启动"高档数控机床与基础制造装备"专项，对高档数控机床与基础制造装备主机、数控系统、功能部件、共性技术等进行了总体布局和任务分解。专项实施以来，在航空、航天、汽车、船舶、发电设备等领域取得了阶段性成果。一是提升了创新能力，共性技术研究和创新平台建设稳步推进。重型锻压装备、部分机床主机性能接近国际先进水平。二是实现全产业链布局，数控系统等核心零部件取得明显突破。国产数控系统在功能、性能方面的差距已大幅缩小，滚珠丝杠、导轨、动力刀架等关键功能部件在精度、可靠性等关键指标上已接近国际先进水平。三是坚持需求导向，重点领域装备保障能力不断提升。航空航天领域典型产品所需关键制造装备的"有无问题"正逐步得到解决；汽车大型覆盖件自动冲压线全球市场占有率超过30%，成功出口9条生产线。显著提升了汽车、船舶、发电设备等领域的制造技术水平，为大型核电、载人航天等国家重点工程提供了关键制造装备，有效支撑了国家重大战略任务顺利实施。

3.3 增材制造装备

3.3.1 增材制造技术的定义

增材制造技术(Additive Manufacturing, AM)又称为快速原型、自由成型制造、3D打印技术,是相对于传统的车、铣、刨、磨机械加工等去除材料工艺,以及铸造、锻压、注塑等材料凝固和塑性变形成型工艺而提出的通过材料逐渐增加的方式而制造实体零件的新型工艺。增材制造技术的核心思想最早起源于19世纪末的美国,最初是针对照相雕塑和地貌成型技术进行研究。由于受到当时技术的限制,直到20世纪80年代后期增材制造技术才逐渐发展成熟并被广泛应用。经过几十年的发展与改进,增材制造技术概念已经被重新定义,分为广义增材制造技术和狭义增材制造技术,如图3-3所示。

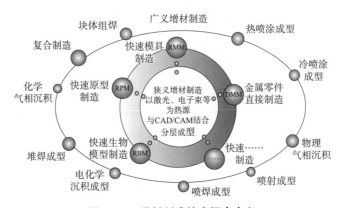

图3-3 增材制造技术概念含义

广义增材制造技术是以材料累加为基本特征,以直接制造零件为目标的大范畴技术群;狭义增材制造技术是指不同能量源与CAD/CAM技术结合、分层累加材料的技术体系,主要包括光固化、粉末床熔融、黏结剂喷射、材料喷射、层压成型、材料挤出、定向能量沉积以及混合增材制造等,如表3-1所示。其中比较成熟的增材制造技术有分层实体成型技术(Laminated Object Manufacturing, LOM)、立体光固化成型技术(Stereo Lithography Apparatus, SLA)、熔融沉积成型技术(Fused Deposition Modelling, FDM)、选择性激光烧结技术(Selective Laser Sintering, SLS)、选区激光熔化技术(Selective Laser Melting, SLM)、激光近净成型技术(Laser Engineered Net Shaping, LENS)、电子束选区熔化技术(Selective Electron Beam Melting, SEBM)、三维喷印成型技术(Three - Dimension Printing, 3DP)等多种增材制造技术。增材制造技术不需要传统的刀具和夹具及多道加工工序,就可快速精密地制造出任意复杂形状的零件。由于增材制造技术具有这样的优势,因此,目前增材制造技术广泛应用于模型制造、工业设计、鞋类、珠宝设计、工艺品设计、建筑、工程施工、汽车、航空航天、医疗、教育、地理信息系统、土木工程等领域。

表 3-1 增材制造技术分类

名称	技术名称	过程描述	优势	典型材料
光固化	SLA 光固化成型、LCD 光固化成型、DLP 数字光处理、CLIP 连续液界面制造	液态光敏树脂通过激光头或者投影以及化学方式发生固化反应，凝固成产品的形状	高精度和高复杂性，光滑的产品表面	光敏树脂
粉末床熔融（PBF）	SLS 选择性激光烧结、DMLS、SLM 选区激光熔化、SEBM 电子束选区熔化	通过选择性地融化金属粉末或非金属粉末每一层的金属粉末或非金属粉末来制造零件	高复杂性	塑料粉末、金属粉末、陶瓷粉末
黏结剂喷射	3DP 三维喷印成型	把约束溶剂挤压到粉末床上，将粉末黏结在一起	全彩打印，高通量，材料广泛	塑料粉末、金属粉末、陶瓷粉末
材料喷射	PolyJet 聚合物喷射成型	将材料以微滴的形式选择性喷射沉积	高精度，全彩，允许一个产品中含多种材料	光敏树脂、树脂、蜡
层压成型	LOM 层压技术、SDL 选择性沉积层压、UAM 超声增材制造	片状材料借助黏胶、超声焊接、钎焊被压合在一起，多余部分被层层切除	高通量，相对成本低（非金属类），可以在打印过程中植入组件	纸张、塑料、金属箔
材料挤出	FDM 熔融挤出、FFF 电熔制丝	丝状的材料通过加热的挤出头，以液态的形态被挤出	价格便宜，多色，可用于办公环境，打印出来的零件结构性能高	塑料长丝、液体塑料、泥浆（用于建筑类）
定向能量沉积	LENS 激光近净制造、LMD 激光金属沉积、DMD 直接金属沉积	金属粉末或者金属丝在产品的表面上熔融固化，能量源可以是激光或者电子束	适合修复零件，可以在同一个零件上使用多种材料，高通量	金属丝、金属粉末、陶瓷
混合增材制造	AMBIT	与 CNC 数控机床配套的增材制造包	高通量，自由造型，可在自动化的过程中将制成材料去除，可精加工和方便检测	金属粉末、金属丝、陶瓷

随着增材制造技术的不断发展，增材制造设备的研究与开发成为增材制造技术的重要部分，各种增材制造设备可以说是相应的增材制造工艺方法以及相关材料等研究成果的集中体现，增材制造设备系统的先进程度是衡量其技术发展水平的标志。

3.3.2 分层实体制造装备

1. 分层实体制造成型原理及特点

分层实体制造（Laminated Object Manufacturing，LOM）技术，又称为层叠法成型技术，最初是由美国 HeIisys 公司的工程师 Michael Feygin 于 1986 年研制成功。LOM 技术的基本原理如图 3-4 所示，它是根据三维 CAD 模型每个截面的轮廓线，在计算机控制下，发出控制激光切割系统的指令，使切割头做 X 和 Y 方向的移动。供料机构将底面涂有热熔胶的箔材(如涂覆纸、涂覆陶瓷箔等)送至工作台的上方。激光切割系统按照计算机提取的横截面轮廓用二氧化碳激光束对箔材沿轮廓线将工作台上的纸割出轮廓线，并将纸的无轮廓区切割成小碎片。然后由热压机构将一层层纸压紧并黏合在一起。升降台支撑正在成型的工件，并在每层成型之后，降低一个纸厚，以便送进、黏合和切割新的一层纸，形成由许多小废料块包围的三维原型零件。然后将三维原型零件取出，将多余的废料小块剔除，最终获得三维产品。

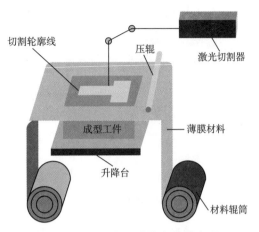

图 3-4　分层实体制造技术的基本原理

分层实体制造技术与其他增材制造技术相比，具有制作效率高、速度快、成本低等优点。其具体优点如下：

(1)成型速度较快，由于只需要使用激光束沿物体的轮廓进行切割，无须扫描整个断面，所以成型速度很快，常用于加工内部结构简单的大型零件；

(2)原型精度高，翘曲变形小，并且原型能承受高达 200℃ 的温度，有较高的硬度和较好的力学性能；

(3)无须设计和制作支撑结构，同时可制作尺寸大的原型；

(4)废料易剥离，无须后固化处理，还可进行切削加工；

(5)原材料价格便宜，原型制作成本低。

分层实体制造技术与其他增材制造技术相比，还存在一些不足之处：

(1)原型层间的抗拉强度不够好；

(2)纸质原型易吸湿膨胀，成型后需尽快进行表面防潮处理；

(3)原型表面有台阶纹理，成型后需进行表面打磨，因此难以直接构建形状精细、多曲面的零件。

2. 分层实体制造成型材料

分层实体制造成型的箔材主要有纸材、塑料薄膜以及金属箔等材料。目前实用化的分层实体制造成型中，最常用的是纸材和塑料薄膜。而金属箔作为分层实体制造材料还在研究中。塑料薄膜材料成型过程中，层间的黏结是由打印设备喷洒黏结剂实现的，成型材料制备及其要求涉及三个方面的问题，即薄层材料、黏结剂和涂布工艺。目前的成型材料中的薄层材料多为纸材，而黏结剂一般为热熔胶。纸材料的选取、热熔胶的配置及涂布工艺均要从保证最终成型零件的质量出发，同时要考虑成本。对于纸材的性能，要求厚度均匀、具有足够的抗拉强度，黏结剂要有较好的湿润性、涂挂性和黏结性等。

3. 分层实体制造成型装备

分层实体制造成型装备主要由机械系统、激光扫描系统、计算机控制系统及其辅助装置构成。LOM 增材制造装备，如图 3-5 所示。

图 3-5　LOM 增材制造装备

（1）机械系统

LOM 增材制造系统是以激光束作 $X-Y$ 平面运动、工作台 Z 向垂直升降、材料送给、热压叠层运动等机构组成的多轴小型激光加工系统。考虑到加工、安装调试等因素，各运动单元相对独立，并根据不同的精度要求设计加工和选购零部件。在系统连续自动运行过程中，各单元彼此间为并行、顺序复合运动。

（2）材料送给装置

材料送给装置由原材料存储辊、送料夹紧辊、导向辊、余料辊、交流变频电机、摩擦轮和材料撕断报警器组成。卷状材料套在原材料存储辊上，材料的一端经送料加紧辊、导向、材料撕断报警器黏在余料辊上。余料辊的辊芯与送料直流电机的轴芯相连。摩擦轮固定在原材料存储辊的轴芯上，此外因与一带状弹簧的制动块相接触产生一定的摩擦阻力矩，以便保证材料始终处于张紧状态。送料时，送料交流变频电机沿逆时针方向旋转一定的角度，克服加在摩擦轮上的阻力矩，带动材料向左前进一定距离。此距离等于所需的每层材料的送进量。它由成型件的最大左、右尺寸和两相邻切割轮廓之间的搭边确定。当某种原因偶然造成材料撕断时，材料撕断报警器会立即发出声音信号，停止送料直流电机转动及后续工作循环。

（3）热压叠层装置

热压叠层装置由变频交流电机、热管（或发热管）、热压辊、温控器及高度检测传感器等组成。其作用是对叠层材料加热加压，使上一层纸能牢固地黏结于下一层纸上面，如图 3-6 所示。变频交流电机经齿形皮带驱动热压辊，使其能在工作台的上方做左右往复运动。热压辊内装有大功率发热管，以便使热压辊快速升温。温控器包括温度传感器

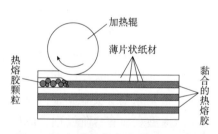

图 3-6　加热辊热压成型过程示意图

（热电偶或红外温度传感器）和显示、控制仪，它能检测热压辊的温度，并使其保持在设定值，温度设定值根据所采用材料的黏结温度而定。当热压辊对工作台上方的纸进行热压时，高度检测器能精确测量正在成型的制件的实际高度，并将此数据及时反馈给计算机，然后据此高度对产品的三维模型进行切片处理，得到与上述高度完全对应的截面轮廓，从而可以较好地保证成型件在高度方向的轮廓形状和尺寸精度。

（4）激光扫描系统

激光扫描系统由激光器、扫描头、光路转换器件、接收装置及需要的反馈系统构成。在激光扫描系统中，扫描头是主要的关键部件，光束在工作台面上的扫描过程是由扫描器件接受指令来完成的。目前扫描器件有很多种，如机械式绘图扫描器、声光偏转扫描器件、二维振镜扫描器件等。快速、高精度的激光振镜式扫描系统是激光扫描技术发展的总

趋势，振镜式扫描系统以其快速、高精度的特点成为激光扫描系统中最广泛的应用之一。

振镜式扫描系统由 $X-Y$ 轴伺服系统和 $X-Y$ 两轴反射振镜组成，如图 3-7 所示。当向 $X-Y$ 轴伺服系统发出指令信号，$X-Y$ 轴电机就能分别沿 X 轴和 Y 轴做出快速、精确偏转。从而，激光振镜式扫描系统可以根据待扫描图形的轮廓要求，在计算机指令的控制下，通过 X 和 Y 两个振镜镜片的配合运动，投射到工作台面上的激光束就能沿 $X-Y$ 平面进行快速扫描。

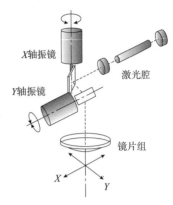

图 3-7 激光振镜结构示意图

（5）计算机控制系统

LOM 系统是多任务、大数据量、多运动轴、高速实时系统。其控制对象的加工过程由以下基本运动构成：实时检测成型制件的高度；对三维实体模型实时切片和进行数据处理；激光头平面切割运动；工作台升降运动；成型材料送进运动；热压叠层运动。因此，采用分布式控制系统结构，该系统由计算机、智能化模板、检测装置、数据传输装置、驱动器等部分组成。

（6）抽风排烟装置

抽风排烟装置是为解决成型过程中的烟尘对设备（激光镜头、精密运动机构）及工作环境的污染问题而设置的，由风扇组及外接管构成。该装置不仅简洁、高效，而且易清洁、易保养。

（7）机身

机身是整个系统的基础，用于安装、固定全部执行机构。采用型材焊接及铸造件相结合的组合式框架结构，以减轻重量，提高刚性，并便于加工、安装。

分层实体制造技术是增材制造技术的重要分支，美国 Helisys 公司最早研发 LOM 技术，并在 1991 年推出了第一台功能齐全的商品化 LOM 装备，自此之后，LOM 技术和装备便快速发展起来。目前，分层实体制造成型商业化装备的单位主要有美国的 Helisys 公司，日本的 Kira 公司，以色列的 Solido 公司，新加坡的 KINERGY 公司以及国内的华中科技大学、清华大学等。具体装备参数如表 3-2 所示。

表 3-2 国内外部分商业化 LOM 成型装备参数

国别	单位	型号	成型尺寸/（mm × mm × mm）
美国	Helisys	LOM1015	$380 \times 250 \times 350$
		LOM2030	$815 \times 550 \times 508$
日本	Kira	PLT – A3	$400 \times 280 \times 300$
		PLT – A4	$280 \times 190 \times 200$
以色列	Solido	SD300	$160 \times 210 \times 135$
新加坡	KINERGY	ZIPPY Ⅰ	$380 \times 280 \times 340$
		ZIPPY Ⅱ	$1180 \times 730 \times 550$

续表

国别	单位	型号	成型尺寸/(mm×mm×mm)
中国	华中科技大学	HRP－ⅡB	450×450×350
		HRP－ⅢA	600×400×500
		HRP－Ⅳ	800×500×500
	清华大学	SSM－500	600×400×500
		SSM－1600	1600×800×700

3.3.3 立体光固化成型装备

1. 立体光固化成型原理及特点

立体光固化成型（Stereo Lithography Apparatus，SLA）技术，也常常称为立体光刻成型（Stereo Lithography，SL）技术。它是由 Charles W. Hull 于 1984 年开发的增材制造成型技术。SLA 技术的基本原理如图 3-8 所示。它是通过激光器发出的紫外激光束，在控制系统的控制下按零件的各分层截面信息在光敏树脂表面进行逐点扫描，使被扫描区域的树脂薄层产生光聚合反应而固化，形成零件的一个薄层。工作台下移一个层厚的距离，以使在原先固化好的树脂表面再敷上一层新的液态树脂，刮板将黏度较大的树脂液面刮平，然后进行下一层的扫描加工，新固化的一层牢固地黏接在前一层上，如此这样，层层叠加构成一个三维实体。

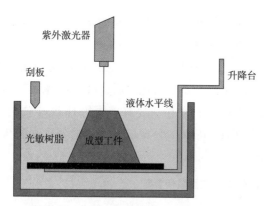

图 3-8 立体光固化成型技术的基本原理

立体光固化成型技术与其他增材制造技术相比，由于具有原型表面质量好、尺寸精度高以及能够制造精细的结构特征而应用最为广泛，其具体的优点如下：

（1）成型过程自动化程度高，SLA 系统非常稳定，加工开始后，成型过程可以完全自动化，直至原型制作完成；

（2）尺寸精度高，SLA 原型的尺寸精度可以达到 ±0.1mm；

（3）优良的表面质量，虽然在每层固化时侧面及曲面可能出现台阶，但上表面仍可得到玻璃状的效果；

（4）可以制作结构十分复杂、尺寸比较精细的模型，尤其是对于内部结构十分复杂、一般切削刀具难以进入的模型，能轻松地一次成型；

（5）可以直接制作面向熔模精密铸造的具有中空结构的消失型；

（6）制作的原型可以一定程度地替代塑料件。

当然，与其他增材制造技术相比，该方法也存在着许多缺点。主要有以下缺点：

（1）成型过程中伴随物理和化学变化，制件较易弯曲，需要支撑，否则会引起制件变形；

（2）液态树脂固化后的性能尚不如常用的工业塑料，一般较脆，易断裂；

（3）设备运转及维护成本较高，由于液态树脂材料和激光器的价格较高，并且为了使光学元件处于理想的工作状态，需要进行定期的调整和保持严格的空间环境，其费用也比较高；

（4）可使用的材料较少，目前可用的材料主要为感光性的液态树脂材料，并且在大多数情况下，不能进行抗力和热量的测试；

（5）液态树脂有一定的气味和毒性，并且需要避光保护，以防止提前发生聚合反应，选择时有局限性；

（6）有时需要二次固化，在很多情况下，经成型系统光固化后的原型树脂并未完全被激光固化，为提高模型的使用性能和尺寸稳定性，通常需要二次固化。

2. 立体光固化成型材料

紫外光敏树脂在紫外光作用下产生物理或化学反应，其中能够从液体转变为固体的树脂称为紫外光固化性树脂。它是一种由光聚合性预聚合物（Pre‑Polymer）或低聚物（Oligomer）、光聚合性单体（Monomer）以及光聚合引发剂等为主要成分组成的混合液体，如表3‑3所示。其中低聚物也称为低分子聚合体，是一种含有不饱和功能基团的低分子聚合体，是光固化材料中最基本的材料，它决定了光敏性树脂的基本理化性质，如黏度、硬度和断裂伸长率等。因此，在一个感光性树脂的配方中，低聚物的选择很重要。低聚物的黏度一般很高，所以要将单体作为光聚合性稀释剂加入其中，以改善树脂整体流动性。在固化反应时单体也与低聚物的分子链反应并硬化。体系中的光聚合引发剂能在光的照射下分解，此时全体树脂聚合开始。为了提高树脂反应时的感光度还需要加入增感剂，其作用是扩大被光引发剂吸收的光波长带，以提高光能吸收效率。此外，体系中还要加入消泡剂、稳定剂等其他试剂。根据光固化树脂的反应形式，可分为自由基聚合和阳离子聚合两种类型。

表3‑3 紫外光固化材料的基本组成

名称	功能	常用含量/%	类型
光聚合引发剂	吸收紫外光能，引发聚合反应	≤10	自由基型、阳离子型
低聚物	材料的主体，决定固化后材料的主要功能	≥40	环氧丙烯酸酯、聚酯丙烯酸酯、聚氨丙烯酸酯等
光聚合性单体	调整黏度并参与固化反应，影响固化膜性能	20~50	单官能度、双官能度、多官能度
其他试剂	根据不同用途而异	0~30	

3. 立体光固化成型装备

立体光固化成型装备主要由激光及振镜系统、平台升降系统、储液箱及树脂处理系统、控制系统以及树脂铺展系统构成。SLA增材制造装备与其结构示意图，分别如图3‑9、图3‑10所示。

图3-9 SLA增材制造装备

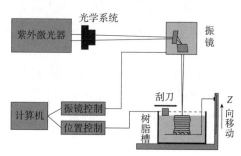

图3-10 SLA增材制造装备结构示意图

（1）激光及振镜系统

激光及振镜系统包括激光、聚焦及自适应光路和两片用于改变光路形成扫描路径的高速振镜。现在大多数SLA设备采用固态激光器，相比于以前的气态激光器，固态激光器拥有更稳定的性能。通过添加额外的光路系统使得该种激光器的波长变为原来的三分之一，从而处于紫外光范围。这种激光器相对于其他增材制造设备所采用的激光器而言具有较低的功率。

（2）平台升降系统

平台升降系统包括一个用于支撑零件成型的工作平台及一个控制平台升降的装置。该升降装置为丝杆传动结构。

（3）储液箱及树脂处理系统

储液箱及树脂处理系统的结构比较简单，主要包括一个用于盛装光敏树脂的容器、工作平台调平装置以及自动装料装置。

（4）控制系统

控制系统包括以下三个子系统。

①过程控制系统，即处理某个待打印零件所生成的打印文件，并执行顺序操作，指令通过过程控制系统进一步控制更多的子系统，如驱动树脂铺展系统中刮刀运动、调节树脂水平、改变工作平台高度等。同时过程控制系统还负责监控传感器所返回的树脂高度、刮刀受力等信息以避免刮刀毁坏等。

②光路控制系统，即调整激光光斑尺寸、聚焦深度、扫描速度等。

③环境控制系统，即监控储液箱的温度、根据模型打印要求改变打印环境温度及湿度等。

（5）树脂铺展系统

树脂铺展系统是指使用一个下端带有较小倾角的刮刀对光敏树脂进行铺展的系统。铺展过程是SLA技术中比较核心的一个过程，具体流程如下：

当一层光敏树脂被固化之后，工作平台向下下降一个层厚。

铺展系统的刮刀从整个打印件上端经过，将光敏树脂在工作平面上铺平。刮刀与工作平面之间的间隙是避免刮刀撞坏打印零件的重要参数，当间隙太小时，刮刀极易碰撞打印零件并破坏上一固化层。

自 Charles W. Hull 开发立体光固化技术之后，在美国 UVP 公司的继续支持下，完成了 SLA - 1 的完整系统，同年，Charles W. Hull 和 UVP 的股东们一起建立了 3D Systems 公司，并于 1988 年首次推出 SLA - 250 商品化增材制造装备。之后，SLA 技术和装备开始迅速发展起来。目前，立体光固化成型 (SLA) 商业化装备的单位有美国的 3D Systems 公司、Formlabs 公司、Aaroflex 公司，德国的 EOS 公司、Envision TEC 公司，日本的 CMET 公司、SONY/D - MEC 公司、Teijin Seiki 公司、Denken Engineering 公司，以色列的 Cubital 公司以及国内的西安交通大学、上海联泰科技股份有限公司、华中科技大学等。具体装备参数如表 3 - 4 所示。

表 3 - 4　国内外部分商业化 SLA 成型装备参数

国别	单位	型号	成型尺寸/(mm × mm × mm)
美国	3D Systems	ProJet 6000 HD	250 × 250 × 50
		ProJet 7000 HD	380 × 380 × 250
		ProX 800	650 × 750 × 550
		ProX 950	1500 × 750 × 550
	Formlabs	Form 1 +	125 × 125 × 165
		Form 2	145 × 145 × 175
	Aaroflex	Solid Imager 1	300 × 300 × 300
		Solid Imager 2	550 × 550 × 550
德国	EOS	STEREOS DESKTOP	250 × 250 × 250
		STEREOS MAX - 400	400 × 400 × 400
		STEREOS MAX - 600	600 × 600 × 600
	Envision TEC	Perfactory 4 standard	160 × 100 × 180
		Perfactory 4 standard XL	192 × 120 × 180
日本	CMET	SOUP - 250GH	250 × 250 × 250
		SOUP - 400	400 × 400 × 400
		SOUP - 850PA	600 × 850 × 500
		RM - 6000	610 × 610 × 500
	SONY/D - MEC	SCS - 300	300 × 300 × 270
		JSC - 3000	1000 × 800 × 500
		SCS - 6000	300 × 300 × 250
	Teijin Seiki	Soliform 250A	250 × 250 × 250
		Soliform 250B	250 × 250 × 250
		Soliform 300	300 × 300 × 300
		Soliform 500B	500 × 500 × 500
	Denken Engineering	SLP - 4000R	200 × 150 × 150
		SLP - 5000	220 × 200 × 225

续表

国别	单位	型号	成型尺寸/(mm×mm×mm)
以色列	Cubital	Solider4600	356×356×356
		Solider5600	356×508×508
中国	西安交通大学	SPS250、LPS250	250×250×250
		SPS350、LPS350	350×350×350
		SPS600、LPS600	600×600×600
		SPS800B	800×600×400
		CP250	250×250×250
		CP350	350×350×350
		CP500	500×500×500
	上海联泰科技股份有限公司	Lite 300	300×300×200
		RSPro 450	450×450×350
		RSPro 600	600×600×400
	华中科技大学	HRPL-Ⅱ	350×350×350
		HRPL-Ⅲ	600×600×500

3.3.4 熔融沉积成型装备

1. 熔融沉积成型原理及特点

熔融沉积成型(Fused Deposition Modeling，FDM)技术，又称为挤出成型技术，该技术是继 SLA 技术和 LOM 技术之后发展起来的一种增材制技术。该技术由 Scott Crump 于 1988 年发明。FDM 技术的基本原理如图 3-11 所示，将低熔点丝状材料通过加热器的挤压头熔化成液体，使熔化的热塑材料丝通过喷头挤出，挤压头沿零件的每一截面的轮廓准确运动，挤出半流动的热塑材料沉积固化成精确的实际部件薄层，覆盖于已建造的零件之上，并迅速凝固，每完成一层成型，工作台便下降一层高度，喷头再进行下一层截面的扫描喷丝，如此反复逐层沉积，直到最后一层，这样逐层由底到顶地堆积成一个实体模型或零件。

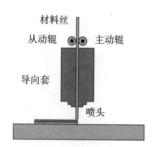

图 3-11 熔融沉积成型技术的基本原理

材料丝
从动辊　主动辊
导向套
喷头

FDM 成型中，每一个层片都是在上一层上堆积而成，上一层对当前层起到定位和支撑的作用。随着高度的增加，层片轮廓的面积和形状都会发生变化，当形状发生较大的变化时，上层轮廓就不能给当前层提供充分的定位和支撑作用，这就需要设计一些辅助支撑结构，以保证成型过程的顺利实现。支撑可以用同一种材料搭建，也可以用两种不同材料搭建，用两种材料制作完毕后去除支撑相当容易。送丝机构为喷头输送原料，送丝要求平稳可靠。送丝机构和喷头采用推—拉相结合的方式，以保证送丝稳定可靠，避免断丝或积瘤。

FDM 技术的优点包括成本低、成型材料范围较广、环境污染较小、设备及材料体积较小、原料利用率高、后处理相对简单等；缺点包括成型时间较长、精度低、需要支撑材料等。

FDM 技术具有以下优点。

(1)成本低。FDM 技术不采用激光器，设备运营维护成本较低，而其成型材料也多为 ABS、PLA 等常用工程塑料，成本同样较低，因此，目前桌面级增材制造设备多采用 FDM 技术的设备。

(2)成型材料范围较广。通过上述分析，我们知道，ABS、PLA、PC、PP 等热塑性材料均可作为 FDM 技术的成型材料，这些都是常见的工程塑料，易于取得，且成本较低。

(3)环境污染较小。在整个过程中只涉及热塑材料的熔融和凝固，且在较为封闭的增材制造成型室内进行，不涉及高温、高压，无有毒有害物质排放，因此环境友好程度较高。

(4)设备、材料体积较小。采用 FDM 技术的增材制造设备体积小，而耗材也是成卷的丝材，便于搬运，适合于办公室、家庭等环境。

(5)原料利用率高。对没有使用或者使用过程中废弃的成型材料和支撑材料可以进行回收，加工再利用，可有效提高原料的利用效率。

(6)后处理相对简单。目前采用的支撑材料多为水溶性材料，剥离较简单，而其他技术后处理往往还需要进行固化处理，需要其他辅助设备，FDM 技术则不需要。

FDM 技术存在以下缺点。

(1)成型时间较长。由于喷头运动是机械运动，成型过程中速度受到一定的限制，因此一般成型时间较长，不适于制造大型部件。

(2)需要支撑材料。在成型过程中需要加入支撑材料，打印完成后要进行剥离，对于一些复杂构件来说，剥离存在一定的困难。

(3)丝材均质性及其热稳定性不足，有时会导致打印精度不高。

2. 熔融沉积成型材料

FDM 技术的材料主要包括成型材料和支撑材料。一般的热塑性材料进行适当改性后都可用于熔融沉积成型技术。同一种材料可以做出不同的颜色，用于制造彩色零件。该技术也可以堆积复合材料零件，可以把低熔点的蜡或塑料与高熔点的金属粉末、陶瓷粉末、玻璃纤维、碳纤维等混合作为多相成型材料。到目前为止，单一成型材料一般为 ABS、PLA、石蜡、尼龙、PC 和 PPSF 等耗材。支撑材料有两种类型：一种是剥离性支撑，需要手动剥离零件表面的支撑；另一种是水溶性支撑，它可以分解于碱性水溶液。

3. 熔融沉积成型装备

熔融沉积成型装备主要由机械运动系统、挤出机构、送料机构、控制系统、打印平台以及辅助装置构成。FDM 增材制造装备与其结构示意图，分别如图 3 - 12、图 3 - 13 所示。

图3-12 FDM增材制造装备

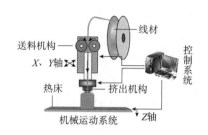

图3-13 FDM增材制造装备结构示意图

（1）机械运动系统

机械运动系统主要由电机、同步带、带轮、丝杠以及光轴构成，以打印平台为平面，通过控制系统传递信号控制 X、Y、Z 三个方向的电机进行工作。在 X 轴和 Y 轴方向上，电机带动带轮转动，使喷嘴沿 X 和 Y 轴方向做直线运动；而在 Z 轴方向上电机带动丝杠进行转动，使打印平台沿 Z 轴方向做直线运动。从而实现零件在 X、Y、Z 轴三个方向上的加工过程。因此，运动部件的质量直接影响打印机整机的成型精度。

（2）挤出机构

在 FDM 打印装备中，对于打印成型来说，最重要的是挤出机构。挤出机构主要由喷嘴、加热元件、散热片、测温元件以及冷却风扇构成。线材通过送料机构运送到挤出机构，通过加热元件对线材加热使其发生熔化，从喷嘴中被不断挤出到打印平台上，同时冷却风扇将其快速冷却。因此，挤出机构质量直接影响打印机的成型质量和打印性能。

（3）送料机构

送料机构主要由一个主动轮、从动轮以及电机构成。线材穿过送料机构，主动轮和从动轮夹紧线材，电机带动主动轮依靠摩擦力将线材送出到挤出机构。通常送料机构与断料检测装置一起使用，可实时监测是否发生断料现象。

（4）控制系统

控制系统则是整个打印设备的核心部分，实现运动控制、温度控制、人机交互、数据读取功能。负责打印过程中运动控制、温度控制、人机交互等模块之间的调度工作。

Scott Crump 在 1988 年提出了熔融沉积（FDM）的思想，随后 Scott Crump 创立了 Stratasys 公司。1992 年，Stratasys 公司推出了世界上第一台基于 FDM 技术的增材制造装备。由于 FDM 技术使用热熔喷头替代了激光器，使 FDM 增材制造装备的成本大幅降低，同时提高了 FDM 技术的普及性和易用性，因此，FDM 技术和装备得到快速发展并在市场上占有较大份额。目前，熔融沉积成型商业化装备的单位有美国的 Stratasys 公司、3D Systems 公司、MakerBot 公司，国内的北京太尔时代科技有限公司、深圳市极光尔沃科技股份有限公司、深圳市创想三维科技股份有限公司等。具体装备参数如表 3-5 所示。

表 3 – 5　国内外部分商业化 FDM 成型装备参数

国别	单位	型号	成型尺寸/(mm × mm × mm)
美国	Stratasys	FDM 2000	254 × 254 × 254
		FDM 3000	254 × 254 × 406
		FDM 8000	457 × 457 × 609
		Fortus 900mc	914 × 610 × 914
		Dimension Elite	203 × 203 × 305
	3D Systems	Invision XT	298 × 185 × 203
		Invision HR	127 × 178 × 50
		Invision LD	160 × 210 × 135
	MakerBot	Replicator 2X	246 × 163 × 155
中国	太尔时代	UP mini 2	120 × 120 × 120
		UP300	205 × 255 × 225
		UP600	500 × 400 × 600
	极光尔沃	A3S	205 × 205 × 205
		A5S	305 × 305 × 320
		A8L	350 × 250 × 300
	创想三维	CR – 200B	200 × 200 × 200
		CR – 5 Pro	300 × 225 × 380
		CR – 3040 Pro	300 × 300 × 400

3.3.5　选择性激光烧结装备

1. 选择性激光烧结成型原理及特点

选择性激光烧结(Selective Laser Sintering，SLS)技术最早是由美国 Texas 大学的研究生 Carl Deckard 于 1986 年发明的。SLS 技术的基本原理如图 3 – 14 所示，是通过加载三维数字模型，利用激光束按照三维数字模型的截面 CAD 图形对粉末进行选择性烧结，供粉箱上升一定高度，铺粉辊将粉末平铺到烧结过的粉床上并将上一次烧结的粉末覆盖，激光束按照三维数字模型的截面 CAD 图形再次烧结，如此循环往复，最终通过分层叠加原理，将离散的粉末材料烧结成三维实体零件。

选择性激光烧结技术与其他增材制造技术相比，其最大的优点在于选材广泛。理论上来说，只要是能通过激光加热，使其受热产生相互黏结的粉末材料都有成为选择性激光烧结技术原材料的可能性。该技术还具备以下特点。

(1)无须支撑。这主要是由于周围未被烧结的粉末起到了临时支撑作用，同时未被烧结的粉末还可以回收重复利用，减少了烧结材料的浪费，避免了需要单独设计制造用的支撑。

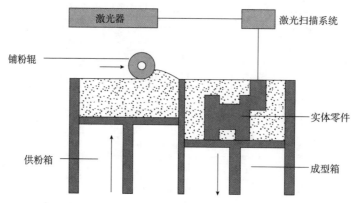

图3-14　选择性激光烧结技术的基本原理

（2）生产周期短。从三维CAD模型设计到整个零件的生产完成所需时间较短，而且生产过程是数字化控制，设计人员可随时进行修正和完善，减少了研发部门的劳动强度，提高了生产效率。制造过程柔性比较高。可与传统意义上的加工方法相结合使用，能够完成快速模具制造、快速铸造等。

（3）应用面宽泛。由于烧结材料范围比较广，使得SLS在多个领域都有广泛的应用，如制造金属功能零件、铸造型壳、精铸熔模和型芯等。

（4）成型过程与零件复杂程度无关。从理论上说，可以制造出几何形状或结构相当复杂的零件，尤其适于常规制造方法难以生产的零件，如含有悬臂伸出结构、槽中带有孔槽结构及内部带有空腔结构等类型的零件。

（5）成型精度高。当粉末材料的粒径小于0.1mm时，成型的精度可达到±1%。

（6）材料利用率高。未烧结的粉末可重复使用，成本低，因而成型的制品价格便宜。

SLS技术还存在如下的缺点：

（1）原型结构疏松、多孔，且有内应力，制作易变性；

（2）生成陶瓷、金属制件的后处理较难；

（3）需要预热和冷却；

（4）成型表面粗糙多孔，并受粉末颗粒大小及激光光斑的限制；

（5）成型过程产生有毒气体及粉尘，污染环境。

2. 选择性激光烧结成型材料

SLS是一种以激光为热源烧结粉末材料成型的增材制造技术。任何受热后能融化并黏结的粉末均可作为SLS材料。按照材料性质可分为高分子、陶瓷、金属及其复合粉末。

（1）高分子粉末材料

高分子粉末材料与金属、陶瓷材料相比，具有成型温度低、所需激光功率小和成型精度高等优点，因此成为SLS技术中应用最早、目前应用最多和最成功的材料。SLS技术要求高分子粉末材料能被制成合适粒径的固体粉末材料，在吸收激光后熔融（或软化反应）而黏结，且不会发生剧烈降解。用于SLS技术的高分子粉末材料可分为：非结晶性高分子，如聚苯乙烯（PS）；半结晶性高分子，如尼龙（PA）。对于非结晶性高分子，激光扫描使其温度升高到玻璃化温度，粉末颗粒发生软化而相互黏接成型；而对于结晶性高分子，激光使其温度升高到熔融温度，粉末颗粒完全熔化而成型。常用于 SLS 的高分子粉末材料包括 PS、PA、PP、ABS 及其复合材料等。

（2）覆膜砂材料

在 SLS 成型中，覆膜砂零件是通过间接法制造的。覆膜砂与铸造用热型砂类似，采用酚树脂等热固性树脂包覆锆砂、石英砂的方法制得。在激光烧结过程中，酚醛树脂受热产生软化、固化，使覆膜砂黏结成型。由于激光加热时间很短，酚醛树脂在短时间内不能完全固化，导致烧结件的强度较低，须对烧结件进行加热处理，处理后的烧结件可用作铸造用砂型或砂芯来制造金属件。

（3）陶瓷基粉末材料

在 SLS 成型中，陶瓷零件同样是通过间接法制造的。在激光烧结过程中，利用熔化的黏结剂将陶瓷粉末黏结在一起，形成一定的形状，然后再通过适当的后处理工艺来获得足够的强度。黏结剂的加入量和加入方式对 SLS 成型过程有很大的影响。黏结剂加入量太小，不能将陶瓷基体颗粒黏结起来，易产生分层；加入量过大，则使坯体中陶瓷的体积分数过小，在去除黏结剂的脱脂过程中容易产生开裂、收缩和变形等缺陷。黏结剂的加入方式主要有混合法和覆膜法两种。在相同的黏结剂含量和工艺条件下，覆膜氧化铝 SLS 制件的强度约是混合粉末坯体强度的两倍。这是因为覆膜氧化铝 SLS 制件内部的黏结剂和陶瓷颗粒的分布更加均匀，其坯体在后处理过程中的收缩变形性相对较小，所得陶瓷零部件的内部组织也更均匀。但陶瓷粉末的覆膜工艺比较复杂，需要特殊的设备，导致覆膜粉末的制备成本较高。

（4）金属基粉末材料

SLS 间接法成型金属粉末包括两类。一类是用高聚物粉末做黏结剂的复合粉末，金属粉末与高聚物粉末通过混合的方式均匀分散。激光的能量被粉末材料所吸收，吸收造成的温升致使高聚物黏结剂的软化甚至熔化成黏流态将金属粉末黏接在一起得到金属初始形坯。由于以这种金属/高分子黏结剂复合粉末成型的金属零件形坯中往往存在大量的空隙，形坯强度和致密度非常低，因而，形坯需要经过适当的后续处理工艺才能最终获得具有一定强度和致密度的金属零件。后处理的一般步骤为脱脂、高温烧结、熔渗金属或浸渍树脂等。另一类是用低熔点金属粉末做黏结剂的复合粉末，此类黏结剂在成型后继续留在零件形坯中。由于低熔点金属黏结剂本身具有较高的强度，形坯件的致密度和强度均较高，因而不需要通过脱脂、高温烧结等后处理步骤就可以得到性能较高的金属零件。

3. 选择性激光烧结成型装备

选择性激光烧结装备主要由 CO_2 激光器、振镜扫描系统、供粉系统、铺粉系统、预热系统以及气体保护系统构成。SLS 增材制造装备与结构示意图，分别如图 3 - 15、图 3 - 16 所示。

图 3-15　SLS 增材制造装备

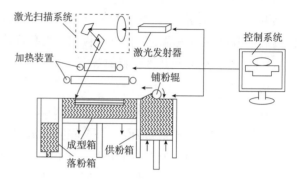

图 3-16　SLS 增材制造装备结构示意图

（1）CO_2 激光器

SLS 装备采用 CO_2 激光器，波长为 10600nm，激光束光斑直径为 0.4mm。CO_2 激光器中，主要的工作物质由 CO_2、N_2、He 三种气体组成。其中 CO_2 是产生激光辐射的气体，N_2 及 He 为辅助性气体。CO_2 激光器的激发条件为，放电管中通常输入几十毫安或几百毫安的直流电流。放电时，放电管中的混合气体内的 N_2 分子由于受到电子的撞击而被激发。这时受到激发的 N_2 分子便和 CO_2 分子发生碰撞，N_2 分子把自己的能量传递给 CO_2 分子，CO_2 分子从低能级跃迁到高能级上形成粒子数反转发出激光。

（2）激光扫描系统

SLS 激光扫描系统与 LOM 激光振镜扫描系统类似，由 $X - Y$ 光学扫描头，电子驱动放大器和光学反射镜片组成。控制器提供的信号通过驱动放大电路驱动光学扫描头，从而在 $X - Y$ 平面控制激光束的偏转。具体参见第 3.3 节中图 3-7 激光振镜结构示意图及其相关介绍。

（3）供粉系统

供粉系统主要由供粉箱、成型箱和落粉箱构成。供粉箱和成型箱可以沿 Z 轴方向进行上下移动。加工前将供粉箱装满待加工粉末，加工时铺粉系统将供粉箱中的粉末平铺到成型箱内，而多余的粉末会推入落粉箱里。落粉箱和成型箱中未被烧结的粉末还可以重新使用。

（4）铺粉系统

铺粉系统多采用铺粉辊进行铺粉，铺粉辊在水平运动的同时，还会绕着自身的中心轴线转动，所以当粉末在铺粉辊的前方时，铺粉辊对粉末起到推动的作用，当粉末在铺粉辊的下方时，铺粉辊还会对粉末起到压实的作用，所以理论上，铺粉辊对铺粉的效果是很好的，但是在实际加工的过程中，由于加工技术的限制远远不能达到规定加工指标，以及铺粉辊上电机转动产生振动，容易导致铺好的粉末表面呈现凹凸不平的现象，影响成型件的成型质量。

（5）预热系统

在 SLS 成型过程中，成型箱中的粉末通常要被预热系统加热到一定温度，以使烧结产生的收缩应力尽快松弛,从而减小 SLS 制件的翘曲变形,这个温度称为预热温度。而当预热温度达到结块温度时,粉末颗粒会发生黏结、结块而失去流动性,造成铺粉困难。

对于非晶态聚合物,在玻璃化温度(T_g)时,大分子链段运动开始活跃,粉末开始黏接、流动性降低。因而,在 SLS 成型过程中,非晶态聚合物粉末的预热温度不能超过 T_g,为了减小 SLS 成型件的翘曲,通常略低于 T_g;而晶态高分子的预热温度应接近熔融开始温度(T_{ms})但要低于 T_{ms}。一般来说,SLS 制件的翘曲变形随预热温度的升高而降低,但是预热温度不能太高,否则会造成粉末结块,使成型过程终止。

(6)气体保护系统

有些设备还需气体保护系统,在成型前通入成型腔内的惰性气体(一般为 N_2 或 Ar),可以减少成型材料的氧化降解,促进工作台面温度场的均匀性。

SLS 技术产生后,Texas 大学在 1988 年研制成功第一台 SLS 样机,并获得发明专利,于 1992 年授权美国 DTM 公司将 SLS 系统商业化。因此,SLS 技术和装备得到迅速的发展。目前,选择性激光烧结(SLS)商业化装备的单位有德国的 EOS 公司,美国的 3D Systems 公司以及国内的北京隆源自动成型系统有限公司、武汉华科三维科技有限公司、湖南华曙高科技股份有限公司等。具体装备参数如表 3 - 6 所示。

表 3 - 6　国内外部分商业化 SLS 成型装备参数

国别	单位	型号	成型尺寸/(mm × mm × mm)
德国	EOS	FORMIGA P 110	200 × 250 × 330
		EOS P 396	340 × 340 × 600
		EOSINT P 760	700 × 380 × 580
		EOSINT P 800	700 × 380 × 560
美国	3D Systems	ProX SLS 500	381 × 330 × 460
		sPro 60 HD – HS	381 × 330 × 460
		sPro 140	550 × 550 × 460
		sPro 230	550 × 550 × 750
中国	北京隆源	AFS – 360	360 × 360 × 500
		AFS – 500	500 × 500 × 500
		LaserCore – 5300	700 × 700 × 500
	华科三维	HK S500	500 × 500 × 400
		HK S1400	1400 × 1400 × 500
		HK P500	500 × 500 × 400
	华曙高科	Farsoon 251 P	250 × 250 × 320
		Farsoon 402 P	400 × 400 × 450
		HT1001P	1000 × 500 × 450

3.3.6 选区激光熔化成型装备

1. 选区激光熔化成型原理及特点

选区激光熔化技术是 2000 年左右出现的一种新型增材制造技术。其思想来源于 SLS 技术并在此基础上得以发展，但它克服了 SLS 技术间接制造金属零部件的复杂工艺难题。得益于计算机的发展及激光器制造技术的逐渐成熟，德国 Fraunhofer 激光技术研究所 (Fraunhofer Institute for Laser Technology，FILT)最早深入地探索了激光完全熔化金属粉末的成型，并于 1995 年首次提出了选区激光熔化技术(Selective Laser Melting，SLM)。SLM 技术的工作原理如图 3 – 17 所示，其成型原理是在激光束开始扫描前，水平刮板先把金属粉末平刮到加工室的基板上，然后激光束将按当前层的轮廓信息选择性地熔化基板上的粉末，加工出当前层的轮廓，然后可升降平台下降一个图层厚度的距离，水平刮板在已加工好的当前层上铺上金属粉末，设备调入下一图层进行加工，如此层层加工，直到整个零件加工完毕。整个加工过程在通有气体保护的加工室中进行，以避免金属在高温下与其他气体发生反应。

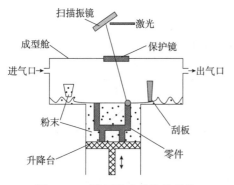

图 3 – 17　选区激光熔化技术的
基本原理

SLM 作为增材制造技术的一种，它具备了增材制造技术的一般优点，可制造不受几何形状限制的零部件、缩短产品的开发制造周期、节省材料等。同时，SLM 技术还具有如下优点。

(1)成型材料广泛

从理论上讲，任何金属粉末都可以被高能束的激光束熔化，故只要将金属材料制备成金属粉末，就可以通过 SLM 技术直接成型具有一定功能的金属零部件。

(2)晶粒细小，组织均匀

SLM 成型过程中，高能激光将金属粉末快速熔化形成一个个小的熔池，快速冷却抑制了晶粒的长大及合金元素的偏析，使得金属基体中固溶的合金元素无法析出而均匀地分布在基体中，从而获得了晶粒细小、组织均匀的微观结构。

(3)力学性能优异

金属制件的力学性能是由其内部组织决定的，晶粒越细小，其综合力学性能一般就越好。相比于铸造、锻造而言，SLM 制件是利用高能束的激光选择性地熔化金属粉末，其激光光斑小、能量高，制件内部缺陷少。制件的内部组织是在快速熔化/凝固的条件下形成的，显微组织往往具有晶粒尺寸小、组织细化、增强相弥散分布等优点，从而使制件表现出特殊优良的综合力学性能，通常情况下其大部分力学性能指标都优于同种材质的锻件性能。

（4）致密度高

SLM 过程中金属粉末被完全熔化而达到一个液态平衡，能够最大限度地排除气孔、夹杂等缺陷，快速冷却能够将这一平衡保持到固相，大大提高了金属部件的致密度，理论上可以达到全致密。

（5）成型精度高

激光束光斑直径小，能量密度高，全程由计算机系统控制成型路径，成型制件尺寸精度高，表面粗糙度低，只需经过简单的后处理就可直接使用。

尽管 SLM 技术近年来发展迅速，软硬件设计、材料与工艺研究等方面都有了长足的进步，获得了良好的应用效果，但其自身还存在一些缺点和不足，主要体现在如下几个方面。

（1）SLM 过程中的冶金缺陷

如球化效应、翘曲变形以及裂纹缺陷严重，限制了高质量金属零部件的成型，需要进一步优化工艺方案。

（2）可成型零件的尺寸有限

目前成型大尺寸零件的工艺还不成熟。

（3）SLM 技术工艺参数复杂

现有的技术对 SLM 的作用机理研究还不够深入，需要长期摸索。

（4）SLM 技术和设备多为国外垄断

设备成本高，设备系统的可靠性、稳定性还不能完全满足要求，从而限制了 SLM 技术进一步的推广和应用。

2. 选区激光熔化成型材料

SLM 技术的特征是金属材料的完全熔化和凝固。因此，其主要适合于金属材料的成型，包括纯金属、合金以及金属基复合材料等。

（1）铝基合金材料

铝合金材料具有轻质、力学性能高、耐腐蚀性良好、成本低等综合优势，广泛应用于航天航空、汽车和船舶工业等领域。目前采用 SLM 技术成功制备出来的铝基合金材料有 Al – Si、Al – Si – Mg、Al – Li 系等合金材料，其中 Al – Si 系成型零件较为成熟。

（2）钛基合金材料

钛合金具有密度低、比强度高、高温力学性能好、耐腐蚀性强等优点，被广泛应用于汽车、航空、航天等领域。SLM 技术借助 CAD 技术，依靠激光可选择性地熔化固体粉末且分层固化叠加特点，可实现钛合金材料的整体化设计及制备。

（3）镍基合金材料

镍基高温合金具有优异的高温抗氧化性能、抗腐蚀性能以及较高的抗拉强度和抗蠕变强度，能够在 600℃ 以上的条件下长时间稳定工作，在航空航天领域被广泛应用。目前采用 SLM 技术成功制备出来的镍基合金材料有 K4202、Ni263、Inconel718 等。

（4）铁基合金材料

铁基合金具有较好的耐磨损、耐高温、抗氧化及抗热震冲击性能，主要用于农业、化工、冶金、矿业等领域。目前用 SLM 技术制备的铁基合金材料主要有 316L 不锈钢和 H13 不锈钢等。

3. 选区激光熔化成型装备

选区激光熔化装备主要由激光器、光路系统、传动系统、电路系统、机械系统以及气路系统构成。SLM 增材制造装备与结构示意图，分别如图 3-18、图 3-19 所示。

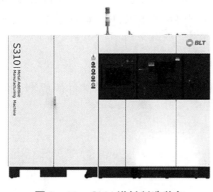

图 3-18　SLM 增材制造装备

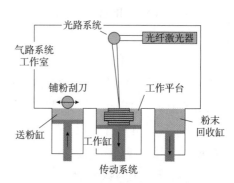

图 3-19　SLM 装备结构示意图

（1）激光器

激光器是 SLM 设备提供能量的核心功能部件，直接决定 SLM 零件的成型质量。SLM 设备主要采用光纤激光器，光束直径内的能量呈高斯分布。光纤激光器指用掺稀土元素玻璃光纤作为增益介质的激光器，其具有工作效率高、使用寿命长和维护成本低等特点。光纤激光器作为输出光源，主要技术参数有输出功率、波长、空间模式、光束尺寸及光束质量。

（2）光路系统

光路系统包括扫描装置、扩束镜、准直器和光纤。激光器负责产生高能量的激光束，激光通过光纤将激光束传递到扩束系统，为了得到合适的聚焦光斑以及扫描一定大小的工作面，通常在选择合适的透镜焦距的同时，需要将激光束进行扩束，激光经过扩束后，减少了激光束传输过程中的功率密度，从而减小了激光束通过光学组件时的热应力，有利于保护光路上的光学组件。振镜式激光扫描系统是一个光机电一体化的系统，主要靠控制振镜 X 轴和 Y 轴电机转动带动固定在转轴上的镜片偏转来实现扫描。在动态聚焦模块的振镜式激光扫描系统中，还需要控制 Z 轴聚焦镜的往复运动来实现焦距补偿。

（3）传动系统

传动系统主要包括铺粉传动系统、缸体升降系统等。铺粉系统包括铺粉装置在 $X-Y$ 平面上的运动，缸体升降系统包括工作缸和送粉缸沿 Z 轴方向运动。

（4）电路系统

电路系统包括计算机及其控制模块，计算机负责处理零件模型，将实体零件转化为数字信号，并传递给各控制单元。控制模块主要控制着激光器开闭、激光功率调整、振镜运动、温度检测及机械部分的协调运动等。

(5)机械系统

机械系统包括设备腔体、铺粉设备和工作台面,与SLS设备机械系统类似。

(6)气路系统

气路系统包括一个粉尘过滤装置和一个氩气净化装置。粉尘过滤装置和氩气净化装置通过两个进出管道与腔体进行联通,利用一个外接的抽气泵使腔体内气体进行循环。抽气泵将腔体内的气体抽出后,首先进入粉尘过滤装置,粉尘过滤装置中包括两个吸附塔。当一个吸附塔饱和后,另一个吸附塔开始工作,吸附塔有一个反冲净化功能,以保证吸附塔的吸附功能。粉尘过滤后的气体通入氩气净化装置,其内设置两个反应塔,将成型腔体内的残余氧气、水蒸气及激光熔化后产生的杂质气体吸收。当其中一个反映塔失效后,另一个反应塔开始工作,并对失效的反应塔进行升温净化,恢复其净化功能。

自SLM技术提出以来,在其技术支持下,德国EOS公司于1995年底制造了第一台装备。随后,德国、美国、英国等欧美众多的商业化公司都开始生产商品化的SLM装备。目前,选区激光熔化(SLM)商业化装备的单位有德国的EOS公司、Concept Laser公司、SLM Solutions公司,美国的3D Systems公司、英国的Renishaw公司、日本的Sodick公司以及国内的西安铂力特增材技术股份有限公司、江苏永年激光成型技术有限公司等。具体装备参数如表3-7所示。

表3-7 国内外部分商业化SLM成型装备参数

国别	单位	型号	成型尺寸/(mm×mm×mm)
德国	EOS	EOSINT M290	250×250×325
		EOSINT M400	400×400×400
	Concept Laser	Concept M2	250×250×280
	SLM Solutions	SLM 280HL	280×280×350
		SLM 500HL	500×280×325
美国	3D Systems	ProX 300	250×250×300
英国	Renishaw	AM 250	245×245×300
日本	Sodick	OPM 250L	250×250×250
中国	铂力特	BLT S600	600×600×600
		BLT S800	800×8000×600
	永年激光	YLM 300	Φ300×h300
		YLM T150	Φ150×h100

3.3.7 激光近净成型装备

1. 激光近净成型原理及特点

激光近净成型(Laser Engineered Net Shaping,LENS)技术是在激光熔覆工艺基础上

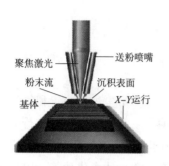

聚焦激光 —— 送粉喷嘴
粉末流 —— 沉积表面
基体 —— X-Y运行

图 3-20 激光近净成型技术的基本原理

产生的一种激光增材制造技术，其思想最早是在 1979 年由美国联合技术研究中心（United Technologies Research Center，UTRC）Brown CO 等人提出。LENS 技术的工作原理如图 3-20 所示，它是先由计算机或反求技术生成零件的实体模型，按照一定的厚度对实体模型进行切片处理，使复杂的三维实体零件离散为二维平面，获取各二维平面信息进行数据处理并加入合适的加工参数，将其转化为计算机数控机床工作台运动的轨迹信息，以此来驱动激光工作头和工作台运动。在激光工作头和工作台运动过程中，金属粉末通过送粉装置和喷嘴被送到激光所形成的熔池中，熔化的金属粉末沉积在基体表面凝固后形成沉积层，激光束相对于金属基体做平面扫描运动，从而在金属基体上按扫描路径逐点、逐线熔覆出具有一定宽度和高度的连续金属带，成型一层后在垂直方向做一个相对运动，接着成型后续层，如此循环，最后构成整个金属零件。

LENS 是一种新的增材制造技术，其具有下列优点。

（1）可直接制造结构复杂的金属功能零件或模具。特别适于成型垂直或接近垂直的薄壁类零件。

（2）可加工的金属或合金材料范围广泛并能实现异质材料零件的制造。可适应多种金属材料的成型，并可实现非均质、梯度材料的零件制造。该工艺在制造功能梯度材料方面具有独特优势，有广阔的发展前景。通过调节送粉装置、逐渐改变粉末成分，可在同一零件的不同位置实现材料成分的连续变化。因此，LENS 在加工异质材料（如功能梯度材料）方面具有独特的优势。

（3）可方便加工熔点高、难加工的材料。LENS 的实质是计算机控制下金属熔体的三维堆积成型。与 SLM 不同的是，金属粉末在喷嘴中就已处于加热熔融状态，故其特别适于高熔点金属的激光增材制造。

（4）制件力学性能好，几乎可达完全致密。金属粉末在高能激光作用下快速熔化并凝固，显微组织十分细小且均匀，一般不会出现传统铸造和锻件中的宏观组织缺陷，因此具有良好的力学性能。同时，由于金属粉末完全熔化再凝固，组织几乎完全致密。

（5）可对零件进行修复和再制造，延长零件的生命周期。由于 LENS 对成型的位置并不像 SLM 那样局限在基板之上，它拥有更大的灵活性，因此可以在任意复杂曲面上进行金属材料堆积，从而可以对零件实现修复，弥补零件出现的缺陷，从而延长零件的生命周期。

由于 LENS 的层层添加性，沉积材料在不同的区域重复经历着复杂的热循环过程。一方面，LENS 热循环过程涉及熔化和在较低温度的再加热周期过程，这种复杂的热行为导致了复杂相变和微观结构的变化。因此，控制成型零件所需要的成分和结构，存在较大的难度。另一方面，采用细小的激光束快速形成熔池导致较高的凝固速率和熔体的不稳定性。由于零件凝固成型过程中热量的瞬态变化，容易产生复杂的残余应力。残余应力的存在必然导致变形的产生，甚至在LENS制件中产生裂纹。成分、微观结构的不可控性及残余应力的形成是LENS技术面临的主要难题。总的来说，LENS技术存在下列缺点。

（1）LENS过程中的冶金缺陷。体积收缩过大和粉末爆炸迸飞，微观裂纹、成分偏析、残余应力缺陷严重影响了零件的质量，限制了其使用。

（2）精度低。目前大部分系统都采用开环控制，在保证金属零件的尺寸精度和形状精度方面还存在缺陷；LENS技术使用的是千瓦级的激光器，由于采用的激光聚焦光斑较大，一般在1mm以上，虽然可以得到冶金结合的致密金属实体，但其尺寸精度和表面光洁度都不太好，需进一步进行机加工后才能使用。

（3）形状及结构限制。LENS对制件的某些部位如边、角的制造也存在不足，制造出精度好和表面粗糙度小的水平、垂直面都比较困难。制造悬臂类特征存在很大困难，制造较大体积的实体类零件则存在一定难度。对于复杂弯曲金属零件采用LENS技术必须设置支撑部分，支撑部分的设置可能给后续加工带来麻烦，同时增加制造的成本。

（4）粉末限制。目前所使用的金属粉末多为特制粉末，通用性较低而且价格昂贵。

2. 激光近净成型材料

金属粉末材料特性对成型质量的影响较大，因此对粉末材料的堆积特性、粒径分布、颗粒形状、流动性、含氧量及对激光的吸收率等均有较严格的要求。

一般情况下，直径较大的粉末颗粒流动性较好，易于传送，但是颗粒太大的粉末在熔覆成型过程中较难熔化，待别是在微成型时易使送粉嘴堵塞，使成型实验难以连续进行下去；若粉末颗粒太小，虽只需较小的激光功率就可将其熔化，但细粉末极易相互黏结在一起，流动性差，要均匀传送此类粉末有一定的难度，另外，颗粒小的粉末也易受到保护气的干扰，易飞溅到光学镜片上，而直接导致镜片的损坏。

LENS中，应保证粉末固态流动性良好，粉末的形状、粒度分布、表面状态及粉末的湿度等因素均对粉末的流动性有影响。粒度范围为50～200μm的普通粒度粉末或粗粉末在金属激光直接制造时一般均可使用，以圆球颗粒为最佳，圆球形颗粒的流动性较好。熔覆粉末的颗粒度过大，成型过程中会导致粉末颗粒不能完全被加热培化，易造成微观组织、性能的不均匀。成型粉末的颗粒度过小，送粉时送粉嘴又容易被堵塞，成型过程受到影响，不能稳定进行，会导致熔覆层表面质量极差。

目前，激光近净成型技术可以成型的材料主要由316不锈钢、镍基耐热合金Inconel625、H13工具钢、钛和钨等。

3. 激光近净成型装备

激光近净成型装备主要由激光系统、数控系统、送粉系统、气氛控制系统和反馈控制系统组成。LENS增材制造装备与结构示意图，分别如图3-21、图3-22所示。

图 3-21　LENS 增材制造装备

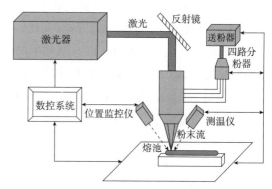

图 3-22　LENS 增材制造装备结构示意图

（1）激光系统

激光系统由激光器及其辅助装置（气体循环系统、冷却系统、充排气系统等装置）组成，激光器作为熔化金属粉末的高能量密度热源，它是激光熔覆及其成型技术系统的核心部分，其性能将影响激光熔覆、成型的效果。根据应用场合的不同，LENS 技术采用的激光器种类主要有 CO_2 激光器、Nd：YAG 激光器和半导体激光器等，能量范围从百瓦级到万瓦级不等。

（2）数控系统

数控系统是 LENS 技术的另一个必备部分，除了对数控系统速度、精度等基本要求之外，一个主要的要求就是数控系统的坐标数。其主要用途是满足各种结构零件加工时各个自由度方向"堆积"的加工要求。可以通过数控系统及工作台实现成型时所必需的相对运动，控制和调节激光功率大小、扫描运动速度、送粉器开关、送粉量及保护气体流量参数，实现各相关参数之间的良好匹配。从理论上讲，增材制造加工只需要一个三轴（X、Y、Z）的数控系统就能够满足"离散堆积"的加工要求，但对于实际情况而言，要实现任意复杂形状的成型还是需要至少 5 轴的数控系统（X、Y、Z、转动、摆动）。

（3）送粉系统

送粉系统是整个系统中最核心的部分，送粉系统的好坏直接决定了加工零件的最终质量，它包括送粉器、送粉传输通道和喷嘴三部分。送粉器是送粉系统的基础，要保证加工零件过程中能够连续均匀地输送粉末，送粉不均匀将会严重影响所加工零件的质量和性能。当然粉末本身的特性也会影响粉末输出的连续性和均匀性，如粉末粒度的大小、颗粒的形状、含水量等。粉末输送系统的稳定性是金属零件成型的重要因素。粉末输送出现波动，将影响成型过程的平衡性，最终可能导致零件制造失败。目前，大多数采用等离子喷涂用送粉器，利用载气如氢气来输送熔覆粉末，可以通过调节送粉转盘的转速来控制送粉量、送粉精度，其稳定性较高。但载气流量大会使粉末运动的速度过高而降低了粉末的沉积率。LENS 工艺过程中，送粉方式有侧向送粉和同轴送粉两种方式，在金属粉末增材制造系统中采用较多的是同轴送粉，因为它能克服由于激光束和材料带来的不对称而引起的对扫描方向的限制。喷嘴是送粉系统中另一个核心部件，按照喷嘴与激光束之间的相对位置关系，大致可分为两种：侧向喷嘴和同轴喷嘴。侧向喷嘴的使用和控制比较简单，特别是对粉末流的约束和定向上较为容易，因而多用于激光熔覆领域，但它难以成型复杂形状零件，而且由于其无法在熔池附近区域形成一个稳定的惰性保护气氛，在成型过程的氧化防护方面也有不足。同轴喷嘴主要包含粉末通道、保护气体、冷却水等部分。由于粉末流呈对称形状，在整个粉末流分布均匀以及粉末流与激光束完全同心的前提下，沿平面内各个方向堆积粉末时，粉末的利用率是不变的。因此，同轴喷嘴没有成型方向性问题，能够完成复杂形状零件的成型。同时惰性气体能在熔池附近形成保护性气氛，能够较好地解决成型过程的材料氧化问题。

（4）气氛控制系统

气氛控制系统即能够控制激光熔覆及成型过程中环境气氛的装置，是为了防止金属粉末在激光加工过程中发生氧化，降低沉积层的表面张力，提高层与层之间的浸润性，同时有利于提高工作安全。即创造一个通常以惰性气体为主的保护环境，降低加工过程中的材料氧化反应，对性质活泼的材料是必需的。

（5）监测与反馈控制系统

监测与反馈控制系统是一个很特殊的辅助系统，它的主要作用是收集加工过程中的信息，与稳定的信号进行对比，并由此来调整工艺参数，使加工过程处于稳定状态，它对工艺稳定性信息的反馈，保证激光加工零件的质量和成型的精度。

20世纪80年代末，在美国能源部的资助下，Sandia国家实验室、Los Alamos国家实验室和Michigan大学率先展开了金属零件直接成型技术的相关研究。在20世纪90年代初，随着计算机技术的飞速发展、AM技术的不断成熟，LENS技术成为激光加工领域的研究热点。目前，激光近净成型商业化装备的单位有美国的Optomec公司，国内的南京中科煜宸激光技术有限公司等。具体装备参数如表3-8所示。

表3-8 国内外部分商业化LENS成型装备参数

国别	单位	型号	成型尺寸/(mm×mm×mm)
美国	Optomec	CS250	250×250×250
		CS600	600×400×400
		CS1500	900×1500×900
中国	煜宸激光	LDM2020	200×200×200
		LDM4030	400×300×400
		LDM8060	800×600×900

3.3.8 电子束选区熔化成型装备

1. 电子束选区熔化成型原理及特点

电子束选区熔化（Selective Electron Beam Melting，SEBM）技术是20世纪90年代中期发展起来的一类新型增材制造技术。SEBM技术的工作原理如图3-23所示，它是将成型基板平放于粉床上，铺粉耙将供粉缸中的金属粉末均匀地铺放于成型缸的基板上，电子束

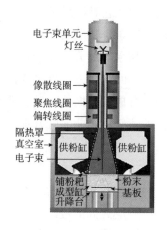

电子束单元
灯丝

像散线圈
聚焦线圈
偏转线圈

隔热罩
真空室
电子束

供粉缸　供粉缸

铺粉耙　粉末
成型缸　基板
升降台

图3-23　电子束选区
熔化技术的工作原理

由电子枪发射出，经过聚焦透镜和反射板后投射到粉末层上，根据零件的 CAD 模型设定第一层截面轮廓信息有选择地烧结熔化粉层某一区域，以形成零件一个水平方向的二维截面；随后成型缸活塞下降一定距离，供粉缸活塞上升相同距离，铺粉耙再次将第二层粉末铺平，电子束开始依照零件第二层 CAD 信息扫描烧结粉末；如此反复逐层叠加，直至零件制造完毕。

SEBM 技术的工艺特点：

（1）成型制件的致密度要比选区激光熔化加工的高，电子束的能量利用率高，可成型难熔材料；

（2）高真空保护使产品成分更加纯净，性能有保证；

（3）电磁扫描偏转无惯性，可通过高速扫描预热，零件热应力小；

（4）可实现多束加工，成型效率高。

尽管 SEBM 技术近年来发展迅速，软硬件设计、材料与工艺研究等方面都有了长足的进步，获得了良好的应用效果，但其自身还存在一些缺点和不足，主要体现在如下几个方面：

（1）电子束选区熔化过程中的冶金缺陷，如"吹风"现象、球化效应、翘曲变形以及裂纹缺陷严重，限制了高质量金属零部件的成型，需要进一步优化工艺；

（2）电子束聚斑效果较激光略差，导致零件的加工精度和表面质量略差；

（3）可成型零件的尺寸有限，目前成型大尺寸零件的工艺还不成熟；

（4）电子束选区熔化技术的工艺参数复杂，现有的技术对 SEBM 的作用机理研究还不够深入，需要长期摸索；

（5）电子束选区熔化技术和设备为国外垄断，设备成本高，设备系统的可靠性、稳定性还不能完全满足要求，从而限制了 SEBM 技术进一步的推广和应用。

2. 电子束选区熔化成型材料

理论上，任何金属粉末材料都可以作为 SEBM 技术的加工对象，但是初步工艺实验发现：流动性好、质量轻的金属粉末，在电子束辐照下的瞬间或者电子束扫描过程中，容易发生粉末溃散现象，粉末以束斑为中心向四周飞出，偏离其原来的堆积位置，造成后续成型过程无法实现。目前，SEBM 成型材料涵盖了不锈钢、钛及钛合金、Co - Cr - Mo 合金、TiAl 金属间化合物、镍基高温合金、铝合金、铜合金和铌合金等多种金属及合金材料，其中 SEBM 钛合金是研究最多的合金。

3. 电子束选区熔化成型装备

电子束选区熔化成型装备主要由电子枪系统、真空系统、控制系统、软件系统等组成。SEBM 增材制造装备如图3-24所示。

（1）电子枪系统

电子枪系统是 SEBM 设备提供能量的核心功能部件，直接决定 SEBM 零件的成型质量。电子枪系统主要由电子枪、栅极、聚焦线圈和偏转线圈组成，其主要构造及作用如下：

电子枪。电子枪是加速电子的一种装置，它能发射出具有一定能量、一定束流以及速度和角度的电子束。

栅极。栅极是由金属细丝组成的筛网状或螺旋状电极。多极电子管中最靠近阴极的一个电极，具有细丝网或螺旋线的形状，插在电子管另外两个电极之间，起控制板极电流强度、改变电子管性能的作用。

聚焦线圈。聚焦线圈由两部分以上组成，连同电位器呈星形连接，恒流源供电。这样便可以在保持电子束聚焦的条件下用电位器调整光栅的方位角。

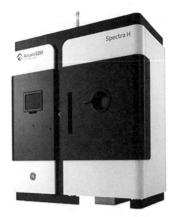

图 3-24　SEBM 增材制造装备

偏转线圈。偏转线圈是由一对水平线圈和一对垂直线圈组成的。每一对线圈由两个圈数相同、形状完全一样的互相串联或并联的绕组所组成。线圈的形状按要求设计、制造而成。当分别给水平和垂直线圈通以一定的电流时，两对线圈分别产生一定的磁场。

（2）真空系统

SEBM 整个加工过程是在真空环境下进行的。在加工过程中，成型舱内保持在 ~1E-5mBar 的真空度，良好的真空环境保护了合金稳定的化学成分，并避免了合金在高温下氧化。真空系统主要由密封的箱体及真空泵组成，在 SEBM 设备中，为了实时观察成型效果，在真空室上还需要有观察窗口。

（3）控制系统

SEBM 设备属于典型数控系统，成型过程完全由计算机控制。由于主要用于工业制造，通常采用工控机作为主控单元，主要包括扫描控制系统、运动控制系统、电源控制系统、真空控制系统和温度检测系统等。电机控制通常采用运动控制卡实现；电源控制主要采用控制电压和电流的大小来控制束流能量的大小；温度控制采用 A/D（模拟/数字）信号转换单元实现，通过设定温度值和反馈温度值调节加热系统的电流或电压。

（4）软件系统

SEBM 需要专用软件系统实现 CAD 模型处理（纠错、切片、路径生成、支撑结构等）、运动控制（电机）、温度控制（基底预热）、反馈信号处理（如氧含量、压力等）等功能。商品化 SEBM 设备一般都有自带的软件系统。

SEBM 技术出现较晚，1995 年，美国麻省理工学院提出利用电子束做能量源将金属熔化进行增材制造的设想。随后于 2001 年，瑞典 Arcam 公司在粉末床上将电子束作为能量源，申请了国际专利，并在 2002 年制造出 SEBM 技术的原型机 Beta 机器，于 2003 年推出了全球第一台真正意义上的商品化 SEBM 装备 EBM-S12。自此之后，SEBM 技术与装备开始迅速发展起来。目前，电子束选区熔化（SEBM）商业化装备的单位有瑞典的 Arcam 公司，中国的清华大学、天津清研智束科技有限公司等。具体装备参数如表 3-9 所示。

表 3-9 国外部分商业化 SEBM 成型装备参数

国别	单位	型号	成型尺寸/(mm×mm×mm)
瑞典	Arcam	EBM Q10Plus	200×200×180
		EBM A2X	200×200×380
		EBM Spectra H	$\phi 250 \times 430$
中国	清华大学	SEBM-250	230×230×250
	智束科技	QbeamLab	200×200×240
		QbeamMed	200×200×240
		QbeamAero	350×350×400

3.3.9 三维喷印成型装备

1. 三维喷印成型原理及特点

三维喷印(Three-Dimension Printing,3DP)技术又称为微喷射黏结(Binder Jetting, BJ),最早由美国麻省理工学院(MIT)于 1993 年开发,具有 20 多年的发展历史,被誉为最具生命力的增材制造技术。3DP 技术的工作原理如图 3-25 所示,它是利用计算机技术将制件的三维 CAD 模型在垂直方向上按照一定的厚度进行切片,将原来的三维 CAD 信息转化为二维层片信息的集合,成型设备根据各层的轮廓信息利用喷头在粉床的表面运动,将液滴选择性喷射在粉末表面,将部分粉末黏结起来,形成当前层截面轮廓,逐层循环,层与层之间也通过黏结液的黏结作用相固连,直至三维模型打印完成,获得三维零件实体。

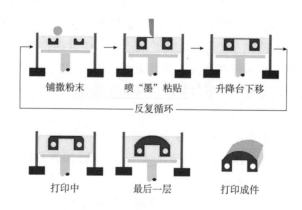

铺撒粉末   喷"墨"粘贴   升降台下移
————反复循环————

打印中   最后一层   打印成件

图 3-25 三维喷印技术的工作原理

SLA、LOM、SLS、SLM 等增材制造技术是以激光作为成型能源,激光系统的价格及维护费用昂贵,致使成型件的制造成本较高,3DP 技术采用喷头喷射液滴逐层成型,无须激光系统。它具有以下优点。

(1)成本低。无须昂贵复杂的激光系统,整体造价大大降低,喷头结构高度集成化,不需要庞大的辅助设备,结构紧凑,便于小型化。

(2)材料类型广泛，成型过程无须支撑。根据使用要求，可以选用热塑性材料、金属、陶瓷、石膏、淀粉等复合材料。成型缸中以粉末材料作为支撑，无须再设计支撑。

(3)运行费用低且可靠性高。成型喷头维护简单，消耗能源少，运行费用和维护费用低。

(4)成型效率高。3DP 技术使用的喷头有较宽的工作条宽，相比于高能束光斑或挤压头等点工作源，具有较高的成型速度。

(5)可实现多彩色制造。3DP 技术可以通过在黏结液中加入色素的方式，按照三原色调色法，在成型过程中对成型材料上色，以达到直接彩色制造的效果。

尽管 3DP 技术近年来发展迅速，材料与工艺研究、成型设备等方面都有了长足的进步，但其工艺本身仍存在一些缺点和不足，主要体现在如下几个方面。

(1)3DP 成型初始件的强度较低。由于 3DP 成型初始件的孔隙率较大，使得初始件强度较低，常需要进行后处理以得到足够的机械强度。但也可利用这个特点制备多孔功能材料。

(2)成型精度尚不如激光设备。3DP 技术采用喷墨打印技术，液体黏结剂在沉积到粉末后常会出现过度渗透等现象，导致成型件尺寸精度低及表面质量差。

(3)打印喷头易堵塞。打印喷头容易受液体黏结剂稳定性的影响产生堵塞，使得设备的可靠性、稳定性降低。而喷头的频繁更换又会增加设备使用成本。

2. 三维喷印成型材料

3DP 的粉末材料主要成分包括基体材料、黏结材料和其他添加材料。基体材料是构成最终成型部件的主体材料，对制件的尺寸稳定性影响较大。黏结材料是起黏结作用的主要成分，在粉末状态不能发挥黏结作用，需要通过喷射到粉末上的溶液来溶解黏结成分并形成黏结液，因此黏结材料可以在成型粉末中均匀混合。添加材料有改善成型过程、提高制件的强度等作用。

(1)基体材料

由于 3DP 是基于黏结原理的增材制造技术，其可成型的材料类型广泛，主要包括金属、陶瓷、型砂、石膏及高分子等材料。

(2)黏结材料

黏结材料按主体材料分为有机黏结材料和无机黏结材料，在 3DP 中黏结粉末材料一般采用有机黏结材料，黏结粉末材料能够快速溶解到水性溶液而形成胶液。常用的黏结粉末材料有聚乙烯醇(PVA)、麦芽糖糊精、硅酸钠粉末等。

(3)添加材料

在粉末材料中添加其他添加剂，可以改变铺粉性能、成型过程和成型件的质量。添加适量的固体润滑剂或者通过表面涂层的方式可以降低粉末内摩擦，添加卵磷脂类物质可以增强粉末之间的黏附力，抑制粉末烟雾化和成型件的变形，防止黏结液喷洒到粉末上时飞溅，影响打印平整性。

3. 三维喷印成型装备

三维喷印成型装备主要由喷射系统、粉末材料供给系统、运动控制系统、成型环境控制系统、计算机硬件与软件等部分组成。3DP 增材制造装备与结构示意图，分别如图 3-26、图 3-27 所示。

图 3-26　3DP 增材制造装备

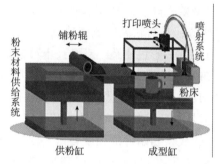

图 3-27　3DP 增材制造装备结构示意图

（1）喷射系统

3DP 设备的喷射系统主要由打印喷头、供墨装置等部件组成。喷头的性能决定了整个设备的理论最佳性能，选择一个合适的喷头对于 3DP 设备的设计是十分重要的。供墨装置用来对打印喷头持续供应墨水。

（2）粉末材料供给系统

粉末材料系统主要完成粉末材料的储存、铺粉、回收等功能。主要包括成型缸、供粉缸、回收箱、铺粉辊等。

①成型缸。在缸中完成制件加工，工作缸每次下降的距离即为层厚。制件加工完后，缸升起，以便取出制造好的工件，并为下一次加工做准备。成型缸的升降由伺服电动机通过滚珠丝杆驱动。

②供粉缸。储存粉末材料，并通过铺粉辊向成型缸供给粉末材料。

③回收箱。回收铺粉时多余的粉末材料。

④铺粉辊装置。包括铺粉辊及其驱动系统。其作用是把粉末材料均匀地平铺在成型缸上，并在铺粉的同时把粉料压实。

⑤成型缸、供粉缸通过伺服电机精确控制工作面的升降，当一层制造完成后，工作台面下降一个设定层厚的高度，供粉缸上升一定高度，铺粉辊通过反向转动，将粉末送到成型缸台面，并且平整地铺在台面上。

（3）运动控制系统

运动控制系统主要包括成型缸活塞运动、供粉缸活塞运动、Y 轴方向运动及其与 X 轴方向运动的匹配、铺粉辊运动等运动控制。

（4）成型环境控制系统

成型环境控制系统主要包括成型室内温度和湿度调节。

（5）计算机硬件与软件

3DP 软件先将三维 CAD 模型转换为一系列模型截面图形，然后调用喷墨打印机的打印程序完成打印溶液的喷射，并保证溶液喷射与相应的运动控制匹配，完成对整个成型过程的控制。

3DP技术改变了传统的设计模式，真正实现了由概念设计向实体模型设计的转变。美国Z Corporation公司于1995年得到3DP技术的专利授权，陆续推出了各系列的三维喷印装备。21世纪以来，3DP技术在国内外得到了更为迅猛的发展。目前，三维喷印成型(3DP)商业化装备的单位有美国的3D Systems公司、ExOne公司、Zcorp公司，德国的Voxeljet公司以及以色列的Objet公司等。具体装备参数如表3-10所示。

表3-10　国外部分商业化3DP成型装备参数

国别	单位	型号	成型尺寸/(mm×mm×mm)
美国	3D Systems	ProJet 160	236×185×127
		ProJet 860 Pro	508×381×229
	ExOne	Flex Platform	400×250×250
		Max Platform	1800×1000×700
	Zcorp	ZPrinter 350	203×254×203
		ZPrinter 650	254×381×203
德国	Voxeljet	VX200	300×200×150
		VX4000	4000×2000×1000
以色列	Objet	Eden350	350×350×200
		Eden500V	500×400×200

3.4　智能产线

3.4.1　智能产线的概念

智能制造，源于人工智能的研究。一般认为智能是知识和智力的总和，前者是智能的基础，后者是指获取和运用知识求解的能力。智能制造应当包含智能制造技术和智能制造系统，智能制造系统不仅能够在实践中不断地充实知识库，而且还具有自学习功能，还有搜集与理解环境信息和自身的信息并进行分析判断和规划自身行为的能力。智能制造生产线是指利用智能制造技术实现产品生产过程的一种生产组织形式。

3.4.2　智能产线的组成

(1)覆盖自动化设备、数字化车间、智能化工厂3个层次，贯穿智能制造6大环节(智能管理、智能监控、智能加工、智能装配、智能检测、智能物流)；

(2)融合"数字化、自动化、信息化、智能化"四化共性技术；

(3)包含智能工厂与工厂控制系统、在制品与智能机器、在制品与工业云平台(及管

理软件)、智能机器与智能机器、工厂控制系统与工厂云平台(及管理软件)、工厂云平台(及管理软件)与用户、工厂云平台(及管理软件)与协作平台、智能产品与工厂云平台(及管理软件)等工业互联网8类连接的全面解决方案。

3.4.3 智能产线实例介绍

以下是一组智能实验中心的智能产线的结构图,本节将根据图3-28介绍智能产线的基本组成和功能。智能产线主要由以下五大模块组成。

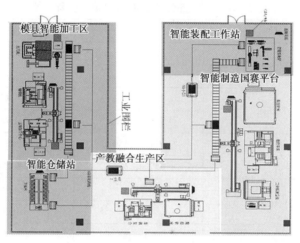

图3-28 智能产线实验室结构图

1. 智能装配工作站

组成:鲁班锁装配夹具、摇摆气缸装配夹具、激光打标机、视觉系统、控制从站、七轴工业机器人、RFID读写器,如图3-29所示。

功能:实现智能装配技术、激光打标技术、视觉检测技术、RFID射频识别技术的教学,掌握工业机器人操作编程和组件装配等技能,熟悉快换夹具的选择与使用。

图3-29 智能装配工作站

2. 智能制造国赛平台

组成：数控加工中心、数控车床、三坐标测量仪、本地仓库、控制从站、七轴工业机器人、RFID 读写器，如图 3 – 30 所示。

功能：实现机器人编程操作、数控编程加工、自动检测技术的教学，掌握智能制造系统测试、虚拟仿真、加工工艺设计、加工程序编制、BOM 构建、生产数据管理、三坐标自动测量、智能加工与生产管控等技能。

图 3 – 30　智能制造国赛平台

3. 产教融合生产区

组成：车铣复合加工中心、五轴加工中心、控制从站、七轴工业机器人、RFID 读写器，如图 3 – 31 所示。

功能：实现数控高精加工、五轴加工工艺与程序编制、复合车床加工工艺与程序编制、SMES 任务生成与下单、自动化生产等教学，为合作企业加工机床主轴箱和主轴零件，促进校企深度产教融合，培养高尖端数控机床加工技能。

图 3 – 31　产教融合生产区

4. 智能仓储站

组成：立体仓库、出入库平台、智能仓储系统、控制从站、RFID 读写器，如图 3 – 32 所示。

功能：实现智能制造产线自动供料、成品存放、SMES 库位编辑、RFID 射频识别技术等教学，对坯料、半成品、成品、不合格品进行智能管理。

图 3 – 32　智能仓储站

5. 模具智能加工区

组成：数控加工中心、精雕机、电火花机、电极库、冲压机、控制从站、七轴工业机器人、RFID 读写器，如图 3 – 33 所示。

功能：实现模具零件加工工艺与程序编制、电极加工、电火花加工、机器人编程操作等教学，熟悉 SMES 生产排程与任务管理、模具生产自动化加工流程、电极库位精确管理等技能。

图 3 – 33　模具智能加工区

3.5　智能工厂

3.5.1　智能工厂的概念

智能工厂是在数字化工厂的基础上，利用物联网技术和监控技术加强信息管理服务，提高生产过程可控性，减少生产线人工干预，合理计划排程。同时，集初步智能手段和智能系统等新兴技术于一体，构建高效、节能、绿色、环保、舒适的人性化工厂。

3.5.2　智能工厂的特征

智能工厂具有以下六个显著特征。

1. 设备互联

能够实现设备与设备互联（M2M），通过与设备控制系统集成，以及外接传感器等方式，由 SCADA（数据采集与监控系统）实时采集设备的状态、生产完工的信息、质量信息，并通过应用 RFID（无线射频技术）、条码（一维和二维）等技术，实现生产过程的可追溯。

2. 广泛应用工业软件

广泛应用制造执行系统、先进生产排程、能源管理、质量管理等工业软件，实现生产现场的可视化和透明化。

（1）在新建工厂时，可以通过数字化工厂仿真软件，进行设备和产线布局、工厂物流、人机工程等仿真，确保工厂结构合理。

（2）在推进数字化转型的过程中，必须确保工厂的数据安全和设备及自动化系统安全。

（3）在通过专业检测设备检出次品时，不仅能够自动与合格品分流，而且能够通过 SPC（统计过程控制）等软件，分析出现质量问题的原因。

3. 充分结合精益生产理念

充分体现工业工程和精益生产的理念，能够实现按订单驱动，拉动式生产，尽量减少在制品库存，消除浪费。推进智能工厂建设要充分结合企业产品和工艺特点。在研发阶段也需要大力推进标准化、模块化和系列化，奠定推进精益生产的基础。

4. 实现柔性自动化

结合企业的产品和生产特点，持续提升生产、检测和工厂物流的自动化程度。产品品种少、生产批量大的企业可以实现高度自动化，乃至建立黑灯工厂；小批量、多品种的企业则应当注重少人化、人机结合，不要盲目推进自动化，应当特别注重建立智能制造单元。

（1）工厂的自动化生产线和装配线应当适当考虑冗余，避免由于关键设备故障而停线；同时，应当充分考虑如何快速换模，能够适应多品种的混线生产。

（2）物流自动化对于实现智能工厂至关重要，企业可以通过 AGV、行架式机械手、悬

挂式输送链等物流严格实现工序之间的物料传递，并配置物料超市，尽量将物料配送到线边。

（3）质量检测的自动化也非常重要，机器视觉在智能工厂的应用将会越来越广泛。

（4）仔细考虑如何使用助力设备，减轻工人劳动强度。

5. 注重环境友好，实现绿色制造

能够及时采集设备和产线的能源消耗信息，实现能源高效利用。在危险和存在污染的环节，优先用机器人替代人工，能够实现废料的回收和再利用。

6. 可以实现实时洞察

从生产排产指令的下达到完工信息的反馈，实现闭环，通过建立生产指挥系统，实时洞察工厂的生产、质量、能耗和设备状态信息，避光非计划性停机。通过建立工厂的 Digital Twin，便捷地洞察生产现场的状态，辅助各级管理人员做出正确决策。

仅有自动化生产线和工业机器人的工厂，还不能称为智能工厂。智能工厂不仅生产过程应实现自动化、透明化、可视化、精益化，而且，在产品检测、质量检验和分析、生产物流等环节也应当与生产过程实现闭环集成。一个工厂的多个车间之间也要实现信息共享、准时配送和协同作业。

3.5.3　智能工厂的体系结构

智能工厂具有以下五个体系结构。

1. 基础设施层

企业首先应当建立有线或者无线的工厂网络，实现生产指令的自动下达和设备与产线信息的自动采集；形成集成化的车间联网环境，解决不同通信协议的设备之间，以及 PLC、CNC（数控机床）、机器人、仪表/传感器和工控/IT 系统之间的联网问题；利用视频监控系统对车间的环境、人员行为进行监控、识别与报警。此外，工厂应当在温度、湿度、洁净度的控制和工业安全（包括工业自动化系统的安全、生产环境的安全和人员安全）等方面达到智能化水平。

2. 智能装备层

智能装备是智能工厂运作的重要手段和工具。智能装备主要包含智能生产设备、能源检测与监测设备、智能物流设备、智能检测与数据采集设备等。

制造装备在经历了从机械装备到数控装备后，目前正在逐步向智能装备发展。智能化的加工中心具有误差补偿、温度补偿等功能，能够实现边检测、边加工。工业机器人通过集成视觉、力觉等传感器，能够准确识别工件，自主进行装配，自动避让人，实现人机协作。金属增材制造设备可以直接制造零件，DMG MORI 公司已开发出能够实现同时实现增材制造和切削加工的混合制造加工中心。

智能物流设备则包括自动化立体仓库、智能夹具、AGV、布架式机械手、悬挂式输送链等。

比如，FANUC 工厂就应用了自动化立体仓库作为智能加工单元之间的物料传递工具。

3. 智能产线层

智能产线的特点如下：

(1)在生产和装配的过程中，能够通过传感器、数控系统或 RFID 自动进行生产、质量、能耗、设备绩效(OEE)等数据采集，并通过电子看板显示实时的生产状态。

(2)通过安灯系统实现工序之间的协作。

(3)生产线能够实现快速换模，实现柔性自动化。

(4)能够支持多种相似产品的混线生产和装配，灵活调整工艺，适应小批量、多品种的生产模式。

(5)具有一定冗余。如果生产线上有设备出现故障，能够调整到其他设备进行生产。

(6)针对人工操作的工位，能够给予智能的提示。

4. 智能车间层

要实现对生产过程进行有效管控，需要在设备联网的基础上，利用 MES、APS(高级计划与排程系统，Advanced Planning and Scheduling)、劳动力管理等软件进行高效的生产排产和合理的人员排班，提高设备利用率，实现生产过程的可追溯，减少在制品库存，应用 HMI(人机界面)以及工业平板等移动终端，实现生产过程的无纸化。

另外，还可以利用 Digital Twin 技术将 MES 系统采集到的数据在虚拟的三维车间模型中实时地展现出来，不仅可以提供车间的 VR 环境，而且还可以显示设备的实际状态，实现虚实融合。

车间物流的智能化对于实现智能工厂至关重要。企业需要充分利用智能物流装备实现生产过程中所需物料的及时配送，企业可以用 DPS(电子拣选系统)实现物料拣选的自动化。

5. 工厂管控层

工厂管控层主要是实现对生产过程的监控，通过生产指挥系统实时洞察工厂的运营，实现多个车间之间的协作和资源的调度。流程制造企业已广泛应用 DCS 或 PLC 控制系统进行生产管控，近年来，离散制造企业也开始建立中央控制室，实时显示工厂的运营数据和图表，展示设备的运行状态，并可以通过图像识别技术对视频监控中发现的问题进行自动报警。

3.5.4　智能物流仓储实例介绍

智能物流仓储在减少人力成本和空间占用、大幅提高管理效率等方面具有优势，是降低企业仓储物流成本的终极解决方案。智能物流仓储装备主要包括自动化立体仓库、多层穿梭车、巷道堆垛机、自动分拣机等。

1. 自动化立体仓库

自动化立体仓库(Automated Storage and Retrieval System，AS/RS)又称高层货架仓库、

自动存储系统，是现代物流系统的一个重要组成部分，在各行各业都得到了广泛的应用。

（1）自动化立体仓库的优点

自动化立体仓库能充分利用存储空间，通过仓库管理系统可实现设备的联机控制，以先入先出的原则，迅速准确地处理货品，合理地进行库存数据管理。具体来说，自动化立体仓库具有以下优点。

①提高空间利用率：充分利用了仓库的垂直空间，单位面积的存储量远大于传统仓库。此外，传统仓库必须将物品归类存放，造成大量空间闲置，自动化立体仓库可以随机存储，任意货物存放于任意空仓内，由系统自动记录准确位置，大大提高了空间的利用率。

②实现物料先进先出：传统仓库由于空间限制，将物料码放堆砌时，常常是先进后出，导致物料积压浪费。自动化立体仓库系统能够自动绑定每一票物料的入库时间，自动实现物料先进先出。

③智能作业账实同步：传统仓库的管理涉及大量的单据传递，且很多由手工录入，流程冗杂且容易出错。立体仓库管理系统与 ERP 系统对接后，从生产计划的制订开始下达货物的出入库指令，可实现全流程自动化作业，系统自动过账，保证了信息准确及时，避免了账实不同步的问题。

④满足货物对环境的要求：相较于传统仓库，自动化立体仓库能较好地满足特殊仓储环境的需要，如避光、低温、有毒等特殊环境。保证货品在整个仓储过程的安全运行，提高了作业质量。

⑤可追溯：通过条码技术等，准确跟踪货物的流向，实现货物的可追溯。

⑥节省人力资源成本：立体仓库内，各类自动化设备代替了大量的人工作业，大大降低人力资源成本。

⑦及时处理呆滞料：部分物料由于技改或产品过时变成了呆料，或因忘记入账变成了死料，不能及时清理，既占用库存货位，又占用资金。立体仓库系统的物料入库，自动建账，不产生死料，可以搜索一定时期内没有操作的物料，及时处理呆滞料。

（2）自动化立体仓库的功能

①收货：仓库从供应商或生产车间接收各种材料、半成品或成品，供生产或加工装配之用。

②存货：将卸下的货物存放到自动化系统规定的位置。

③取货：根据需求情况从库房取出客户所需的货物，通常采取先入先出（FIFO）方式。

④发货：将取出的货物按照严格要求发往客户。

⑤信息查询：能随时查询仓库的有关信息，包括库存信息、作业信息及其他信息。

（3）自动化立体仓库的不同分类

①按照货架高度分类。按照货架高度，可将自动化立体仓库分为如表 3 - 11 所示的几类。

表3-11　自动化立体仓库按照货架高度分类

序号	分类	具体说明
1	低层立体仓库	低层立体仓库的建设高度在5米以下，一般都是通过老仓库改建的
2	中层立体仓库	中层立体仓库的建设高度在5~15米，这种仓库对于仓储设备的要求并不是很高，造价合理，受到很多用户的青睐
3	高层立体仓库	高层立体仓库的高度能够达到15米以上，对仓储机械设备的要求较高，建设难度较大

②按照货架结构分类。按照货架结构，可将自动化立体仓库分为如表3-12所示的几类。

表3-12　自动化立体仓库按照货架结构分类

序号	分类	具体说明
1	货格式立体仓库	货格式立体仓库应用范围比较广泛，主要特点为：每一层货架都是由同一个尺寸的货格组合而成的，开口是面向货架通道的，便于堆垛车行驶和存取货物
2	贯通式立体仓库	贯通式立体仓库的货架之间没有间隔，没有通道，整个货架组合是一个整体。货架是纵向贯通的，存在一定的坡度，每层货架都安装了滑道，能够让货物沿着滑道从高处移动
3	自动化柜式立体仓库	自动化柜式立体仓库主要适合小型的仓储规模，可移动，封闭性较强，智能化、保密性较强
4	条形货架立体仓库	条形货架立体仓库主要专用于存放条形的货物

③按照建筑形式分类。按照建筑形式，可将自动化立体仓库分为如表3-13所示的几类。

表3-13　自动化立体仓库按照建筑形式分类

序号	分类	具体说明
1	整体式立体仓库	整体式立体仓库也叫一体化立体库，高层货架和建筑是一体建设的，不能分开，这种永久性的仓储设施采用钢筋混凝土构造而成，使得高层的货架也具有稳固性
2	分离式立体仓库	分离式立体仓库与整体式相反，货架是单独建设的，是与建筑物分离的

④按照货物存取形式分类。按照货物存取形式，可将自动化立体仓库分为如表3-14所示的几类。

表3-14　自动化立体仓库按照货物存取形式分类

序号	分类	具体说明
1	拣选货架式	拣选货架式中分拣机构是其核心部分，分为巷道内分拣和巷道外分拣两种方式。"人到货前拣选"是拣选人员乘拣选式堆垛机到货格前，从货格中拣选所需数量的货物出库。"货到人处拣选"是将存有所需货物的托盘或货箱由堆垛机送至拣选区，拣选人员按提货单的要求选出所需货物，再将剩余的货物送回原地

序号	分类	具体说明
2	单元货架式	单元货架式是常见的仓库形式。货物先放在托盘或集装箱内，再装入单元货架的货位上
3	移动货架式	移动货架式由电动货架组成，货架可以在轨道上行走，由控制装置控制货架合拢和分离。作业时货架分开，在巷道中可进行作业，不作业时可将货架合拢，只留一条作业巷道，从而提高空间的利用率

⑤按照自动化程度分类。按照自动化程度，可将自动化立体仓库分为如表 3 – 15 所示的几类。

表3 – 15　自动化立体仓库按照自动化程度分类

序号	分类	具体说明
1	半自动化立体仓库	半自动化立体仓库是指货物的存取和搬运过程一部分是由人工操作机械来完成的，一部分是由自动控制完成的
2	自动化立体仓库	自动化立体仓库是指货物的存取和搬运过程是自动控制完成的

⑥按照仓库在物流系统中的作用分类。按照仓库在物流系统中的作用，可将自动化立体仓库分为如表 3 – 16 所示的几类。

表3 – 16　自动化立体仓库按照仓库在物流系统中的作用分类

序号	分类	具体说明
1	生产型仓库	生产型仓库是指工厂内部为了协调工序与工序、车间与车间、外购件与自制件间物流之间的不平稳而建立的仓库，它能保证各生产工序间进行有节奏的生产
2	流通型仓库	流通型仓库是一种服务性仓库，它是企业为了调节生产厂和用户间的供需平衡而建立的仓库。这种仓库进出货物比较频繁，吞吐量较大，一般都和销售部有直接联系

⑦按照自动化仓库与生产联系的紧密程度分类。按照自动化仓库与生产联系的紧密程度，可将自动化立体仓库分为如表 3 – 17 所示的几类。

表3 – 17　自动化立体仓库按照自动化仓库与生产联系的紧密程度分类

序号	分类	具体说明
1	独立型仓库	独立型仓库也称"离线"仓库，是指从操作流程及经济性等方面来说都相对独立的自动化仓库。这种仓库一般规模较大，存储量较大，仓库系统具有自己的计算机管理、监控、调度和控制系统。又可分为存储型和中转型仓库。如配送中心就属于这类仓库
2	半紧密型仓库	半紧密型仓库是指它的操作流程、仓库的管理、货物的出入和经济利益与其他厂（或内部，或上级单位）有一定关系，而又未与其他生产系统直接相连
3	紧密型仓库	紧密型仓库也称"在线"仓库，是指那些与工厂内其他部门或生产系统直接相连的自动化仓库，两者间的关系比较紧密

⑧按照仓储的功能分类。按照仓储的功能，可将自动化立体仓库分为如表3-18所示的几类。

表3-18　自动化立体仓库按照仓储的功能分类

序号	分类	具体说明
1	储存式立体化仓库	储存式立体化仓库是以储存功能为主，采用密集型货架。货物的种类较少，数量大，存期长
2	拣选式立体仓库	拣选式立体仓库是以拣选为主，货物种类较多，发货的数量小

（4）自动化立体仓库的构成

自动化立体仓库的主体由货架、巷道式堆垛起重机、入（出）库工作台和自动运进（出）及操作控制系统组成。

①高层货架。通过立体货架实现货物存储功能，充分利用立体空间，并起到支撑堆垛机的作用。根据货物承载单元的不同，立休货架又分为托盘货架系统和周转箱货架系统。

②巷道式堆垛机。巷道式堆垛机是自动化立体仓库的核心，起重及运输设备在高层货架的巷道内沿着轨道运行，实现运送货物的功能，巷道式堆垛机主要分为单立柱堆垛机和双立柱堆垛机。

③出入库输送系统。巷道式堆垛机只能在巷道内进行作业，而货物存储单元在巷道外的出入库则需要通过出入库输送系统完成。常见的输送系统有传输带、RGV、AGV、叉车、拆码垛机器人等，输送系统与巷道式堆垛机对接，配合堆垛机完成货物的搬捣、运输等作业。

④周边设备。周边辅助设备包括自动识别系统、自动分拣设备等，其作用都是为了扩充自动化立体仓库的功能，如可以扩展到分类、计量、包装、分拣等功能。

⑤自动控制系统。自动控制系统是整个自动化立体仓库系统设备执行的控制核心，向上连接物流调度系统，接收物料的输送指令；向下连接输送设备，实现底层输送设备的驱动、输送物料的检测与识别；完成物料输送及过程控制信息的传递。

⑥仓储管理系统。仓储管理系统是对订单、需求、出入库、货位、不合格品、库存状态等各类仓储管理信息进行分析和管理。该系统是自动化立体仓库系统的核心，是保证立体仓库更好使用的关键。

⑦自动化立体仓库的设计原则。自动化立体仓库设计工作并不简单，仓库的设计不仅在空间利用和分配上要合理，同时在设备安装上也要符合其需求，才能保证仓储效率。因此，企业在规划设计自动化立体仓库时，应遵循如表3-19所示的原则。

表3-19　自动化立体仓库的设计原则

原则	具体说明
需求	自动化立体仓库设计的时候要注重需求，只有了解了仓储需求，才能设计出合理的仓库。仓库设计不是随意设计就能符合使用需求的，不同企业存储的货物不同，因此仓库设计也不同。只有满足企业存储需求的设计才是最好的设计

智能制造技术与系统

续表

原则	具体说明
合理	仓库设计要遵循合理原则,合理的设计才能满足使用需求。合理设计就是说,立体仓库的设计不管是空间还是长宽高,都要根据标准设计,只有合理化的设计才能保证企业的使用效果
科学	科学设计主要是注重实用价值,不管是技术还是制作工艺,都要遵循科学原则,才能保证仓库的使用。如果仓库设计不注重科学性,就会影响使用效果,无法满足企业仓储需求,给企业造成发展阻碍
严谨	自动化立体仓库设计要注重严谨,只有坚持严谨的态度,才能设计出高价值的仓库,为企业带来便利的存储效果,促进企业快速发展

(5)自动化立体仓库设计注意事项。企业在规划设计自动化立体仓库时,应注意如表3-20所示的问题。

表3-20 自动化立体仓库设计注意事项

事项序号	具体说明
1	不要过分追求单台(种)设备的高性能,而忽视了整体系统的性能
2	各种要求应适当,关键是要满足自己的使用要求。要求太低满足不了使用需要,过高的要求将可能造成系统造价过高、可靠性降低、实施困难、维护不便或灵活性变差等弊端
3	确定工期要实事求是,过短的工期可能会造成系统质量的下降,或不可能按期交工
4	系统日常维护十分重要,和我们保养汽车的道理一样,应经常对系统进行保养,使系统保持良好的工作状态,延长系统使用寿命,及时发现故障隐患
5	为了利用好自动化立体仓库,需有高素质的管理和维护人才,需要有相应的配套措施

2. 多层穿梭车

多层穿梭车系统无论是在国内还是国外,都是一个运用范围很广的技术,它可以在较高密度的存储系统中快速、准确、自动化、一气呵成地完成选拣作业,适合于品规较多的仓库,可实现一体化流程,包括从装配、产品组装到订单选拣和配送的各个环节。因此,无论作为补给工作区的高性能解决方案、缓冲库,还是在生产和安装过程中按序提供物料产品,多层穿梭车系统都可以高效、精准地帮助企业最大限度地发挥最大价值。

与其他自动化物流系统相比较,多层穿梭车系统拥有毋庸置疑的速度和效率,其吞吐效率大约高出10倍,拣货效率是传统作业方式的5~8倍,可以节省大量的人力成本。

3. 巷道堆垛机

巷道堆垛机是由叉车、桥式堆垛机演变而来的。

(1)巷道堆垛机的功能。巷道堆垛机的主要用途是在高层货架的巷道内来回穿梭运行,将位于巷道口的货物存入货格,或者取出货格内的货物运送到巷道口。

(2)巷道堆垛机的分类。巷道堆垛机的分类、特点和用途如表3-21所示。

(3)巷道堆垛机使用注意事项。巷道堆垛机是仓储运输重要的设备,主要是人工操作,能运输较大的货物,提高运输效率的同时,也保护了货物运输安全,在使用巷道堆垛机的时候，应注意如表 3 – 22 所示的事项。

表 3 – 21 巷道堆垛机的分类、特点和用途

分类方式	类型	特点	用途
按结构分类	单立柱型巷道堆垛机	1. 机架结构是由 1 根立柱、上横梁和下横梁组成的一个矩形框架； 2. 结构刚度比双立柱差	适用于起重量在 2 吨以下，起升高度在 16 米以下的仓库
	双立柱型巷道堆垛机	1. 机架结构是由 2 根立柱、上横梁和下横梁组成的一个矩形框架； 2. 结构刚度比较好； 3. 设备自身重量比单立柱大	1. 适用于各种起升高度的仓库； 2. 一般起重最高可达 5 吨，必要时还可以更大； 3. 可用于高速运行
按支撑方式分类	地面支承型巷道堆垛机	1. 支承在地面铺设的轨道上，用下部的车轮支承和驱动； 2. 上部导轮用来防止堆垛机倾倒； 3. 机械装置集中布置在下横梁，易保养和维修	1. 用于各种高度的立体仓库； 2. 适用于起重量较大的仓库； 3. 应用广泛
	悬挂型巷道堆垛机	1. 以托盘单元或货箱单元进行出入库； 2. 自动控制时，堆垛机上无司机	1. 适用于起重量和起升高度较小的小型立体仓库； 2. 使用较少； 3. 便于转换巷道
	货架支承型巷道堆垛机	1. 支承在货架顶部铺设的轨道上； 2. 在货架下部两侧铺设下部导轨，防止堆垛机摆动； 3. 货架应具有较大的强度和刚度	1. 适用于起重量和起升高度较小的小型立体仓库； 2. 使用较少
按用途分类	单元型巷道堆垛机	1. 以托盘单元或货箱单元进行出入库； 2. 自动控制时，堆垛机上无司机	1. 适用于各种控制方式，应用最广泛； 2. 可用于"货到人处拣选"作业
	拣选型巷道堆垛机	1. 在堆垛机上的操作人员从货架内的托盘单元或货物单元中取少量货物，进行出库作业； 2. 堆垛机上装有司机室	1. 一般为手动或半自动控制； 2. 用于"人到货前拣选"作业

表 3 – 22 巷道堆垛机使用注意事项

事项序号	具体说明
1	不要进入堆垛机的行驶通道。如果由于某种情况需要进入通道时，一定要遵守以下规定：第一，关闭操控屏上的电源开关，从开关上拔出钥匙并妥善保管；第二，进入时不要碰到行驶通道内的轨道、检测板等
2	手动操作人员必须经过专门培训
3	不允许乘坐堆垛机
4	操作过程中，不要试图接触堆垛机，不要进入工作范围
5	不要使用断裂、变形的托盘

智能制造技术与系统

续表

事项序号	具体说明
6	不要擅自改装货架
7	不要使堆垛机超载
8	装载的货物不能超过规定的尺寸

4. 自动分拣机

自动分拣机一般由输送机械部分、电器自动控制部分和计算机信息系统联网组合而成。它可以根据用户的要求、场地情况，对条烟、整箱烟、药品、货物、物料等，按用户、地名、品名进行自动分拣、装箱、封箱的连续作业。机械输送设备根据输送物品的形态、体积、重量而设计定制。分类输送机是工厂自动化立体仓库及物流配送中心对物流进行分类、整理的关键设备之一，通过应用分拣系统可实现物流中心准确、快捷地工作。

（1）自动分拣机的原理。物品接收激光扫描对其条码的扫描，或通过其他自动识别的方式，如光学文字读取装置、声音识别输入装置等方式，将分拣信息输入计算机中央处理器中。计算机通过将所获得的物品信息与预先设定的信息进行比较，将不同的被拣物品送到特定的分拣道口位置上，完成物品的分拣工作。分拣道口可暂时存放未被取走的物品。当分拣道口满载时，由光电控制，阻止分拣物品再进入分拣道口。

（2）自动分拣机的特点。自动分拣系统之所以能够在现代化物流得到广泛应用，是自动分拣机具有如表3－23所示的特点。

表3－23 自动分拣机的特点

序号	特点	具体说明
1	能连续、大批量地分拣货物	自动分拣系统不受气候、时间、人的体力等的限制，可以连续运行，分拣能力是连续运行100个小时以上、每小时可分拣7000个包装货物
2	分拣误差率极低	自动分拣系统的分拣误差率大小主要取决于所输入分拣信息的准确性，这又取决于分拣信息的输入机制，如果采用人工键盘或语音识别方式输入，则误差率在3%以上，如采用条形码扫描输入，除非条形码的印刷本身有差错，否则不会出错
3	分拣作业基本实现无人化	建立自动分拣系统的目的之一就是减少人员的使用，减轻员工的劳动强度，提高人员的使用效率，因此自动分拣系统能最大限度地减少人员的使用，基本做到无人化

（3）自动分拣机的种类。自动分拣机是工厂自动化立体仓库及物流配送中心对物流进行分类、整理的关键设备之一，通过应用分拣系统可实现物流中心准确、快捷的工作。因此，也被称为"智能机器手"。常见的自动分拣机可分为以下几类。

①交叉带分拣机。交叉带分拣机有多种形式，比较普遍的为一车双带式，即一个小车上面有两段垂直的皮带，既可以每段皮带上搬送一个包裹也可以两段皮带合起来搬送一个包裹。在两段皮带合起来搬送一个包裹的情况下，可以通过在分拣机两段皮带方向的预动

· 132 ·

作，使包裹的方向与分拣方向一致以减少格口的间距要求。

交叉带分拣机的优点是噪声低、可分拣货物的范围广，通过双边可以实现单台最大能力约每小时2万件。但缺点也是比较明显的，即造价比较昂贵、维护费用高。

②翻盘式分拣机。翻盘式分拣机是通过托盘倾翻的方式将包裹分拣出去的，该分拣机在快递行业也有应用，但更多的是应用在机场行李分拣领域。最大能力可以达到每小时12000件。标准翻盘式分拣机由木托盘、倾翻装置、底部框架组成，倾翻分为机械倾翻及电动倾翻两种。

③滑块式分拣机。滑块式分拣机是一种特殊形式的条板输送机。输送机的表面用金属条板或管子构成，如竹席状，而在每个条板或管子上有一枚用硬质材料制成的导向滑块，能沿条板作横向滑动。平时，滑块停止在输送机的侧边，滑块的下部有销子与条板下导向杆联结，通过计算机控制，当被分拣的货物到达指定道口时，控制器使导向滑块有序、自动地向输送机的对面一侧滑动，把货物推入分拣道口，从而货物就被引出主输送机。这种方式是将货物侧向逐渐推出，并不冲击货物，故货物不容易损伤，它对分拣货物的形状和大小适用范围较广。

滑块式分拣机也是在快递行业应用非常多的一种分拣机。滑块式分拣机是一种非常可靠的分拣机，故障率非常低，在大的配送中心，比如UPS的路易斯维尔，就使用了大量的滑块式分拣机来完成预分拣及最终分拣。滑块式分拣机可以多台交叉重叠起来使用，以满足单一滑块式分拣机所无法达到的能力要求。

④挡板式分拣机。挡板式分拣机是利用一个挡板（挡杆）挡住在输送机上向前移动的货物，将货物引导到一侧的滑道排出。挡板的另一种形式是挡板一端作为支点，可以旋转。挡板动作时，像一堵墙似的挡住货物向前移动，利用输送机对货物的摩擦力推动，使货物沿着挡板表面而移动，从主输送机上排出至滑道。平时，挡板处于主输送机一侧，可让货物继续前移；如挡板做横向移动或旋转，则货物就排向滑道。

挡板一般是安装在输送机的两侧，和输送机上平面不接触，即使在操作时也只接触货物而不触及输送机的输送表面，因此它对大多数形式的输送机都适用。就挡板本身而言，也有不同形式，如有直线型、曲线型，也有的在挡板工作面上装有滚筒或光滑的塑料材料，以减少摩擦阻力。

⑤胶带浮出式分拣机。这种分拣机用于辊筒式主输送机上，将由动力驱动的两条或多条胶带或单个链条横向安装在主输送辊筒之间的下方。当分拣机接受指令启动时，胶带或链条向上提升，接触货物底部把货物托起，并将其向主输送机一侧移出。

⑥辊筒浮出式分拣机。这种分拣机用于混筒式或链条式的主输送机上，将一个或数十个由动力驱动的斜向辊筒安装在主输送机表面下方，分拣机启动时，斜向辊筒向上浮起，接触货物底部，将货物斜向移出主输送机。这种上浮式分拣机，有一种是采用一排能向左或向右旋转的辊筒，以气功提升，可将货物向左或向右排出。

⑦条板倾斜式分拣机。这是一种特殊型的条板输送机，货物装载在输送机的条板上，当货物行走到需要分拣的位置时，条板的一端自动升起，使条板倾斜，从而将货物移离主输送机。货物占用的条板数随不同货物的长度而定，被占用的条板如同一个单元，同时倾斜，因此，这种分拣机对货物的长度在一定范围内不受限制。

第4章　智能工艺与生产管理

4.1　智能设计系统

智能设计研究如何提高人机系统中计算机的智能水平，使计算机更好地承担设计中的各种复杂任务。随着社会的发展，对智能设计的需求体现在越来越高的设计质量要求、越来越短的设计周期要求、越来越复杂的设计对象及其环境要求等方面。

智能设计是一种对包括大量广泛的依据知识做复杂的分析、综合与决策的活动。对设计活动而言，建立决策过程的知识模型要包括有关设计规律性的知识，智能技术可以自动化地处理这样的知识模型，实现决策过程的自动化。在目前的产品智能设计中，从分析用户需求到生成设计方案，是一个从抽象到具体，逐步精化、进化与展开的推理和决策过程。这个过程主要包括设计方案生成和设计方案评价。

产品设计的初期阶段，对设计人员的约束相对较少，是能够较大地发挥人的创造力的阶段。因此，产品方案设计是产品设计中最为关键的技术，是产品开发过程中最具创造性的阶段，这一阶段所做的决策对产品的价格、性能、可靠性及环境的影响等方面有重要的影响。因此，对先进的方案设计理论、方法和技术的研究，具有极其重要的意义。

对任意一种产品来说，都是设计先行，产品设计在现代商业竞争中占有越来越重要的地位。产品设计的关键阶段是产品设计的前期工作过程，这一过程统称为方案设计。方案设计将决定性地影响产品设计过程中后续的详细设计、产品生产开发、产品市场开发以及企业经营战略目标的实现，一旦设计方案被确定，产品成本的大部分就确定了。而方案设计阶段所花费的成本和时间在总的开发成本与设计周期中所占的比例通常都比较小，并且在详细设计阶段很难或者不能纠正方案设计产生的缺陷，因此在产品方案设计阶段做出正确的设计对产品的最终质量至关重要。另外，一般来说，在产品方案设计阶段通常会产生多个可供选择的设计方案，因此从提高设计效率与成功率、降低成本、缩短设计周期等角度来考虑，应该从多个设计方案中选优。

产品设计通常是针对产品的功能、行为和结构进行的。功能是产品实现的用途，行为是产品的工作原理或功能实现方法，结构是产品的构成要素及其组成关系。功能、行为、结构映射过程是设计信息逐层处理、设计活动逐步细化的过程，这一过程构成了概念设计活动的主要特征，但由于产品设计问题的复杂性、产品的多样性和概念设计阶段信息的不完备性，使得这一过程不可避免地遇到两个关键的问题：一是产品各方面信息及其相互作用的表达或描述；二是可行方案的生成和选择。前者称为建模问题，后者称为推理问题。

而方案设计推理问题包括两方面的内容：一是采用何种合适的方法将用户需求映射到相应的物理空间，即设计方案的生成；二是在若干候选方案中选择最佳设计方案，即设计方案的评价与决策。

设计方案生成，常用的推理方法可分为两种：系统化方法和智能化方法。系统化方法致力于寻找概念设计问题的结构化映射方法，目标是将基于经验的设计转变为基于科学的设计，为产品设计提供一般的、通用的设计程序。智能化推理方法有知识驱动和数据驱动两种方式，数据驱动摒弃规则，依赖大量领域实际数据进行推理，如基于实例的推理、神经网络等，知识驱动通过预先给出的领域知识实现设计，常用方法有类比推理、定性推理等。

基于实例的推理是一种相似问题映射方法，它利用存在于已有设计实例中的知识，利用过去的实例和经验来解决新问题，在一定程度上克服了知识获取的瓶颈，尤其适合设计规则难以总结的复杂产品设计，但实例修改和再设计问题尚需继续研究。

神经网络能够处理具体产品数据并从数据中获取隐性知识以指导设计。由于其广泛互连的非线性动力学特性，神经网络适合处理联想记忆、形象思维等问题，也适合做表象的、浅层的经验推理及模糊推理。其分布式记忆和并行计算的特点有利于知识存储的简化和运行效率的提高，同时它还具有自组织、自学习能力以及良好的容错性。其缺点是需要大量数据进行训练、训练时间较长、解释不足等。

系统设计法，是将所设计的产品看作一个系统，运用系统工程的方法来分析和设计，因为其符合人脑的思维，所以成为一种较普遍的方案设计方法。

键合图设计法，从整体上看，对产品的描述通常采用面向对象的方法，即产品描述模型从不同方面对产品进行描述，是语言、几何模型、知识、图形等多种模型的集成。一般来说，产品的描述、方案的设计可以从产品的功能、行为和结构等角度来进行。

功能—机构—行为法，用功能树等来表达产品功能，用语言、定性描述法等方法对产品行为进行描述。方案设计系统模型一般是在方案设计过程模型以及推理方法研究基础上建立的，通常有基于知识、基于人工智能和基于协同设计的系统模型。

方案的评价与决策即方案的选择，要求从若干备选方案中选出一个或几个较优方案。这是一个典型的多准则决策问题，涉及概念产品的质量、成本、可制造性、可维护性、安全性等诸多因素。目前的方案选择方法可分为效用分析法和软计算方法，如模糊推理、遗传算法、多目标决策方法等。

效用分析法在确定评价指标并分配权值的基础上就每项准则对方案打分，利用效用公式计算方案的总价值并以之为依据对方案进行排序选择。由于难以准确地对方案定量打分，一般通过采用一分的价值谱评估等级给方案打分。

模糊评价法是将模糊信息数值化以进行定量评价，基本步骤包括确定评价指标、分配权重、单因素评价和综合评价。模糊评价法比效用分析法更符合概念设计的抽象性和模糊性的特点，因而应用很广泛。

遗传算法是模拟生物的遗传和长期进化过程建立起来的一种搜索和优化算法，用逐次迭代搜索较优解。模糊推理、遗传算法和神经网络同属软计算的范畴。软计算由美国科学

家 Zadeh 教授于 20 世纪 90 年代提出，以近似性和不确定性为主要特征，其各个组成部分之间是相互补充的，它们之间的协作如模糊推理与神经网络相结合，为概念设计的推理问题提供了一种有效的方法。

产品设计事物元是通过将产品设计实例中的设计行为(设计任务)与设计结果(设计方案)进行封装，从而将原先面向设计结果或是设计行为的产品设计实例，提升到面向设计过程的产品设计实例。这样，在以后的产品设计过程中，可以通过设计实例来追溯产品设计的过程。产品设计事物元的概念模型如图 4-1 所示。

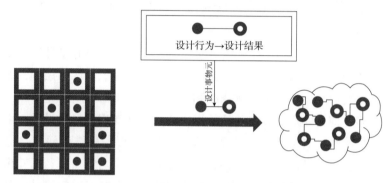

图 4-1　产品设计事物元的概念模型

产品设计事物元不仅描述了设计结果，更将设计结果背后的设计行为通过形式化的方式进行了表述，并建立了设计行为与设计结果之间直接的对应关系，突出了产品设计实例知识获取的行为性。

通过产品设计事物元的重构后，产品设计实例不再只是简单的空间维度的设计结果组合，而是提升到空间维与时间维结合的产品设计过程的组合，突出了产品设计实例知识获取的过程性。

基于产品设计事物元的产品设计实例是多层次的，它既可以是产品设计中的简单件设计过程，用单独的设计事物元就可以表示的；也可以是较高层次的结构件的设计过程，包含若干子结构件和简单件的设计过程，用设计事物元的组合来描述，突出了产品设计实例知识获取的层次性。

4.2　智能加工工艺优化

加工工艺的智能优化是实现智能加工的关键与基础，主要内容包括加工工艺的智能规划、加工性能的智能预测和加工参数的智能优选三大部分。

加工工艺规划是优化配置工艺资源、合理编排工艺过程、将产品设计数据转化为产品制造信息的一个重要活动，是加工工艺准备的核心内容之一，也是产品制造加工的基础。加工工艺的智能规划是实现加工工艺智能优化的第一步。要实现加工工艺的智能规划，首先需应用数据挖掘技术从现有加工工艺数据中发现对产品加工工艺规划具有指导意义的知识，在此基础上，通过对包括规则与实例在内的加工工艺知识进行有效组织、表达、智能检索与推理、智能修订等，实现对加工工艺知识的有效利用。

加工性能预测是在分析工艺路线、加工工序、加工参数等工艺条件对产品性能影响规律的基础上，对不同工艺条件所获得产品的性能进行预判，从而不经过实际加工即可判定工艺方案的优劣，并进行优化设计，以降低生产成本、缩短研制周期。加工性能的智能预测是实现加工工艺智能优化的重要内容。通过对产品加工过程进行仿真分析，预测在给定加工工艺条件下产品各类性能指标值，并综合考虑多个性能指标，对工艺方案的优劣进行智能综合评价，可在产品实际加工前智能高效地预知所设计的工艺方案能获得的产品性能。在利用仿真分析获取足够多不同工艺方案下产品性能指标可视化预测结果数据的基础上，还可构建预测产品性能指标值的近似响应面模型，以取代仿真分析，用于后续对加工工艺参数的优化，提高加工工艺参数优化的效率。

加工参数优选是通过实验设计与分析优化等手段，确定各加工参数的最优取值，以在实际加工时能获得工艺性能优良的产品，并提高加工过程中原材料及能源的利用率。加工工艺参数智能求解，从而高效、智能地获取符合实际生产需求的最优加工工艺参数设计的智能优选是实现加工工艺智能优化的关键。要获取最优的加工工艺参数设计方案，需通过实验设计安排足够多、有代表性的加工工艺参数方案，在利用仿真分析和近似响应面技术快速预测不同工艺参数组合情况下产品各性能指标值的基础上，利用方差分析提取影响产品性能指标值的关键工艺参数，并在此基础上构建以加工工艺参数为设计变量，以产品性能指标为设计目标及约束条件的加工工艺参数优化模型，利用遗传算法等智能优化算法实现优化模型的方案。

4.2.1　加工工艺的智能规划

加工工艺规划的任务包括零件要求分析、原材料或毛坯选择、工艺方法选择、加工设备及工具选择、夹具要求确定、路径规划、NC 程序编制、夹具设计等，任务繁重，涉及参数的数量与类别众多。企业在产品加工过程中积累了大量包括现场工艺条件和产品加工结果的生产数据，这些数据被从现场采集、整理，并以各种形式存储在工艺数据库中，记载了各种工艺条件下的产品加工结果，其中必然隐藏着影响生产质量的因素和规律。

随着云计算、互联网的发展和各种传感器的普遍应用，产品加工过程中积累的工艺数据体量与类别不断增加，无法采用传统的软件工具和数据查询方法进行管理和处理，分析者甚至很难提出明确的查询要求。如何从这些加工工艺数据中揭示出隐含的、先前未知的、有潜在价值的工艺知识，以支持加工工艺决策，是加工工艺设计人员所面临的一项重要任务。

工艺设计人员获取工艺知识的途径主要有两种：一种是与人的接触，如通过召开会议等方式向具有丰富制造经验的同事或领域专家咨询；另一种则是通过查询工艺规划相关的知识系统来获取。基于人工经验的加工工艺规划方法存在诸多不足，比如：经验丰富的人员缺乏、工艺计划制订效率低下、工艺人员经验与判断的差异而造成工艺计划不一致、对实际加工环境反应慢等。随着企业人员流动性加剧，目前工艺规划人员依赖于人工经验知识的比例已呈现下降趋势，而对知识系统的依赖呈现逐步递增的趋势。因此，必须加强其他途径来减少工艺规划人员对人工经验知识的依赖，充分利用数据挖掘技术从工艺数据库或数据仓库中提取隐含的、先前未知的、潜在有用的工艺知识或信息模式，有效组织工艺知识并构建支持工艺规划的知识系统，为满足工艺规划决策对知识的需求提供支持。

1. 加工工艺数据知识发现的一般流程

加工工艺数据中的工艺知识发现(PPKDD)是反复迭代的人机交互处理过程，需要经历多个步骤，如图 4-2 所示，其中，很多决策需要由用户提供。从宏观上看，PPKDD 过程主要由数据整理、数据挖掘和结果解释评估三个部分组成。

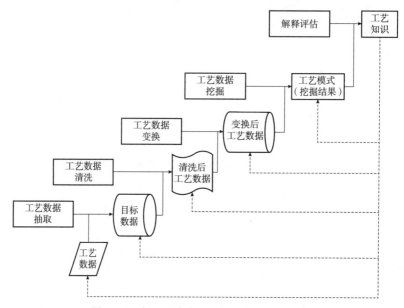

图 4-2　加工工艺数据知识发现的一般流程

(1)工艺数据准备，是了解工艺设计领域的有关情况，熟悉相关的背景知识，弄清用户需求。CAPP 的应用为加工工艺数据的积累和准备做了充足的工作，包括结构化的工艺数据、合理的工艺数据模型。

(2)工艺数据抽取，工艺数据抽取的目的是确定目标数据，根据工艺知识发现的需要从原始工艺数据库中选取相关数据和样本。此过程将利用一些数据库操作对工艺数据库进行相关处理。如典型工艺路线的发现，需要从原始工艺数据库中选取与工艺路线相关的数据，形成目标数据库。

(3)工艺数据清洗，是对目标工艺数据库进行再处理，检查工艺数据的完整性及一致性，滤除与工艺数据挖掘无关的冗余数据。针对加工工艺数据预处理，需要对工艺信息规范化和标准化。工艺信息的标准化是从工艺数据的角度对工艺术语、工艺内容、工艺参数、工艺资源等静态术语、符号、参数进行规范化，从而保证数据的一致性。

(4)工艺数据变换，是根据工艺知识发现的任务，对已预处理的工艺数据进行再处理。主要是通过投影或利用数据库的其他操作以减少数据量。如通过数据查询查到相同的数据，再利用数据库的删除操作以清理相同数据，只保留其中的一个数据记录。

（5）工艺数据挖掘，是整个 PPKDD 过程中很重要的步骤，其目的是运用所选算法从工艺数据库中提取用户感兴趣的知识，并以一定的方式表示出来。

（6）解释评估，是对工艺数据挖掘结果和知识进行解释。经过用户评估将发现的冗余或无关的工艺知识剔除。如果工艺知识不能满足用户要求，就要返回到前面的某些步骤反复提取。将发现的工艺知识以用户能了解的方式呈现，包括对工艺知识进行可视化处理，也包含确定本次发现的工艺知识与以前发现的工艺知识是否抵触的过程。

2. 加工工艺数据挖掘与知识发现技术

根据工艺知识发现的工作流程，在工艺知识发现的每一个环节都需要相应的技术实现该环节的功能，工艺知识发现的主要环节包括工艺数据自动抽取、工艺数据预处理、工艺数据挖掘、工艺知识解释评估等。

（1）工艺数据自动抽取

工艺数据库中知识发现的首要步骤是数据抽取，即把数据从工艺数据库中抽取出来并以一定的格式存于一个中间数据存储器，如数据仓库或其他物理数据库。对基于数据挖掘的知识发现来说，数据抽取是非常重要的，因为样本的质量直接影响到挖掘的模式的质量。抽取到的工艺数据质量越好，挖掘出的模式中成为知识的比例越高；相反，抽取到的工艺数据中包含的无用数据多，数据质量差，挖掘出的模式成为工艺知识的比例就会降低，影响工艺知识挖掘的效率。

为了抽取到比较合适的数据，可采用面向工艺数据挖掘目标建立模型的方法，规范要抽取的数据，并采用工艺数据抽取语言来实现数据的抽取，具体流程如图 4-3 所示，其关键环节为目标模型定义和描述。

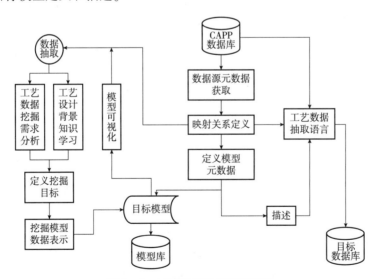

图 4-3　工艺数据自动抽取流程

①确定通过工艺数据挖掘所期望获得的结果，即建立数据挖掘的目标。这就要求执行工艺数据挖掘者进行目标需求分析，充分理解工艺过程设计领域的背景知识。

②定义出合理的目标模型，保证挖掘的质量。挖掘目标模型中包含两个方面的内容：模型元数据、模型元数据与数据源元数据的关系，因而，对挖掘目标建模的过程分为模型元数据定义、数据源元数据获取、模型元数据与数据源元数据的关系定义三个环节。目前，大多数 CAPP 软件采用的都是关系型数据库来存储工艺设计过程中产生的工艺数据，关系数据库是以数据表的方式来组织数据存储，数据是结构化的，因此，数据源的元数据通过数据库管理系统和数据查询语言等工具可以直接或间接地获得。在挖掘目标模型的建立中，主要研究模型元数据定义和模型元数据与数据源元数据关系定义的方法。

③通过定义工艺数据抽取语言，规范对模型元数据、模型元数据与数据源元数据的关系描述。

（2）工艺数据的预处理

CAPP 系统通常具备工艺知识库的建立与维护、工艺设计与管理的功能，企业应用 CAPP 系统后，将整个工艺设计过程的数据都存储在 CAPP 数据库中。目前，企业工艺数据库容纳的数据量很大，因此，很容易发生数据噪声、数据缺失以及数据不一致等问题。为了提高数据的质量，进而提高挖掘结果的质量，需要对工艺数据进行预处理，消除所选工艺数据的噪声，保证工艺数据的完整性和一致性。

工艺数据预处理是进行工艺数据挖掘前的工艺数据处理过程，根据工艺数据情况的不同可以有不同的处理过程。常用的工艺数据预处理技术主要有 CAPP 数据库到目标数据库的转换技术、工艺数据标准化技术、工艺数据变换技术等。通过工艺数据预处理技术对工艺数据的类型进行转换，例如，离散值数据和连续值数据间的转换，利用工艺数据属性间的关系进行转换，以减少有效工艺数据的维数和规模。

为保证工艺数据的准确快速处理，需要研究一种合理科学的方法，将数据变换为可识别的代码，使工艺信息能够被更好地处理和利用。编码是目前最常用、最便捷的数据表示方法。工艺数据柔性编码，是指采用面向对象的原理将所有的工艺数据抽取分类，每个类为一个对象，以对象间的关系表示工艺信息类之间的关系。对象模型中每一个类分别采用数字编码，一个类就是编码中的一段。每段编码的码位不是固定的，而是根据挖掘的工艺知识的需求而变化的，编码的段数也是动态的，可以由不同的对象根据对象关系的细化自由组合成待描述的挖掘对象的编码，即在具体的工艺知识挖掘中，先对每个数据段进行编码，然后根据具体挖掘的目标，选取不同的信息。这种将工艺数据抽取为对象，根据对象间的关系组织码段的编码法，可以根据挖掘目标对工艺数据的需要进行编码，剔除与挖掘目标无关的对象的编码段。这样可以避免码位过长，同时减少挖掘算法执行时计算的工作量，充分体现了编码的灵活性和柔性。

工序编码是将工序内容用编码方式表示，以便于计算机识别及处理。工艺内容的主要信息包括加工方法和加工内容。加工方法及对加工名称的描述相对简单，而对加工内容的描述较为复杂。一道工序有一个工序名称，但对应的加工对象数目是不确定的。根据工序涉及数据的内容和特点，按照工艺数据柔性编码的规则，分析工序信息与对象的关系，工序信息的编码采用两段混合式柔性码位结构，第一段表示加工方法（即工序名称），第二段表示加工方法细化（即加工内容），两段之间是隶属关系。

（3）工艺数据挖掘

工艺数据挖掘是工艺知识发现最重要的步骤，包括：①依据工艺知识发现的目标确定工艺数据挖掘的任务和目的，根据工艺设计领域的要求确定发现的工艺知识类型；②选择与确定采用什么样的挖掘算法来实现；③搜索工艺数据中的模式和选择相应算法的参数，分析工艺数据并产生一个特定的模式或数据集。由于相同的任务可用不同的算法来实现，这就需要首先在理解各种算法的前提和假设的基础上考虑工艺数据集的具体形式，然后再确定采用何种挖掘算法。

目前，应用在工艺知识发现方面的数据挖掘算法主要有支持向量机、神经网络、分类、聚类、回归分析、关联规则等。在工艺数据挖掘中，由于挖掘目标的不同，不能一概地以某种方法作为挖掘的算法，而需要根据目标中数据的特性，综合使用上述的技术及其算法。例如：典型工艺路线挖掘可以采用聚类的方法，典型工序的获取可以采用关联规则中的算法等。

工艺数据挖掘所要发现的知识主要包括典型实例、应用于工艺优化的工艺数据和工艺决策规则这三类，这些工艺知识获取的过程中，需先将满足要求的工艺数据转换为计算机可以识别的表示方式，然后选择合适的工艺数据挖掘算法进行工艺知识挖掘。因此，工艺数据挖掘需通过工艺数据编码和工艺数据挖掘算法来实现。

（4）工艺知识解释评估

工艺数据挖掘的结果是数目很多的工艺模式（知识），而这些工艺模式中有很多噪声，需要依据用户需求对模式进行评估，以确定有效的、有用的模式，去掉不切题的模式，并将其转换为有用模式。模式按功能不同分为描述型模式和预测型模式两大类，根据模式的实际作用可细分为分类模式、回归模式、时间序列模式、聚类模式、关联模式、序列模式等。

工艺知识发现的最终目的是为用户服务的，所以还需要对模式进行解释，把工艺数据挖掘的结果转换成人们易于理解的表达形式。经过对模式评估、解释之后，用户可以理解的、符合实际和有价值的模式就形成知识。

由于所挖掘的工艺知识有可能不满足用户要求，需要重新选择工艺数据、采用新的数据变换方法，甚至换一种数据挖掘算法，这项技术的实现需要专家和工艺人员的参与。工艺数据挖掘中发现的工艺知识经过用户评估后，可能会发现这些知识中存在冗余或无关的知识，此时应该将其剔除。

3. 基于工艺知识库的工艺知识智能推理

加工工艺数据挖掘与知识发现的最终目的是利用工艺知识。工艺知识的利用包含两个方面：一是利用加工工艺规则进行工艺设计的辅助决策，二是借助典型工艺实例作为样板和参考辅助工艺设计。由于一种零件往往具有包括结构形状、材料、精度、工艺等多方面的特征，这些特征可能是相似或相同的，这就决定了零件之间具有这些方面的相似性。零件的相似性与工艺相似性之间密切相关，因此利用零件的相似性进行工艺设计是一种常用的方法。在企业的工艺设计中，对新产品和零件的工艺设计通常需要借鉴以往工艺设计的经验，有时会通过对原有工艺的修改进行新零件的工艺设计。这些参照工艺实际上起到了

工艺设计样板的作用，因此，需要在工艺数据挖掘与知识发现的基础上，构建层次化、模块化的加工工艺知识库，进而通过加工工艺知识的智能推理策略和智能检索算法实现对工艺知识的有效利用。

（1）层次化、模块化的加工工艺知识库

加工工艺知识库包含加工工艺规则库和加工工艺实例库两大部分，分别存储了用于不同工艺设计阶段所需要的知识。

加工工艺规则库中一般至少应包含毛坯选择规则、加工方法选择规则、排序规则、定位装夹规则、设备选择规则、刀具量具辅具选择规则等。为使加工工艺知识库系统更具条理性并便于后续维护、拓展和改进，在加工工艺规则库构建时需要按照加工工艺知识性质细分为许多子库，如加工方法选择子库、设备选择规则子库、刀具量具辅具选择规则子库等。在某些系统中还将这些子库再细分成若干子库，使每个子库对应着工艺决策的一个相应子任务。加工工艺知识库中的规则采用面向对象的表示方法，该方法可以将知识组织成层次结构，具有很好的继承性和封装性；同时可以将多种单一的知识表示方法按照面向对象的程序设计原则组织成一种混合的知识表达形式。

加工工艺实例库用于存储已有的零件加工工艺实例，将框架法和面向对象法相结合来表示加工工艺规划中所需要的实例。框架具有很好的层次化、模块化的特点，而且框架和框架之间具有很好的继承性与嵌套性，一个框架整体就可以认为是一个对象，它由一组数据及定义在其上的操作方法组成。可以抽象出具有共同特性的框架组成一个框架类，然后再由这个框架类定义若干个框架对象，用这些框架对象或对象的集合来表示加工工艺设计中所需要的实例。

加工工艺知识库具有以下特征。

①模块化：各种知识依据它们的背景特征、应用领域特征、运用特征、属性特征等构成了知识库，具有规范的组织结构形式。

②层次性："事实知识"是知识库中的最低层；"控制规则"构成知识库的中间层，是用来控制最低层的"事实知识"的知识；"策略"是规则的规则，构成了知识库的最高层，控制中间层知识。在知识库中，知识除具有层次关系外，同层的知识之间也存在相互依赖关系。因此，可采用关系数据库的形式实现关系描述。

③不确定性：一般的关系数据库中所有处理都是确定的，但知识库中存在不确定性度量——可信度（信任区间、置信度等），可信度是存在于所有层次，并不归属于任一层次的特殊形式的知识，对有关事实、规则、策略和问题，都可标以可信度，可有一种不只属于某一层次（或者说在任一层次都存在）的可信度。可以用增广知识库实现可信度的表达。

④典型推理性：假如解决某问题途径是肯定必然的，则可将其存储于典型方法库中。典型方法库是知识库中的特殊构成部分，机器推理将优先选用典型方法库中的某一层体部分。

（2）加工工艺知识的智能推理与检索

加工工艺知识的智能推理与检索是在加工工艺设计过程中利用加工工艺知识来解决加工工艺设计中问题的过程，如图4-4所示。首先，要在加工工艺知识中找到与问题答案接近的加工工艺知识，为了找到相近的解，必须对问题和工艺知识进行适当结构化的描述，即定义检索约束和表示工艺知识；然后通过智能检索算法找到相近的加工工艺知识作为参考或样板，并对其加以智能修订来获得工艺设计的解释。

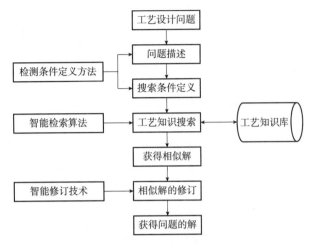

图 4-4　加工工艺知识的智能推理与检索

①加工工艺知识的智能推理策略。加工工艺知识的智能推理控制策略主要解决加工工艺知识推理过程中工艺知识的选择与应用的顺序问题，常用的加工工艺知识智能推理控制策略有正向推理（数据驱动推理）、反向推理（目标驱动推理）和混合推理三种。

正向推理控制策略的基本思想是从已有的工艺信息、工艺实例和工艺数据出发，寻找可用工艺知识，通过冲突消解来选择可用工艺知识，执行选择的工艺知识，改变求解状态，逐步求解直至问题解决。一般来说，要实现正向推理，就应具备一个存放状态的加工工艺数据库、一个存放工艺知识的加工工艺知识库以及进行推理的工艺知识推理机，其工作程序为：用户将与求解问题有关的工艺信息、工艺实例和工艺数据，存入工艺数据库，推理机根据这些信息，从工艺知识库中选择合适的工艺知识，得出新的工艺信息并存入工艺数据库，再根据当前状态选用工艺知识，如此反复，直至给出问题的解。正向推理一般有两种结束条件：有一个符合条件的解时就结束，或者当所有的解都求出时才结束。正向推理控制策略的优点是用户可以主动提供问题的有关信息，可以快速对用户输入事实做出反应。其不足之处为工艺知识启用与执行似乎漫无目标，求解当中可能有许多与问题求解无关的操作，导致推理效率相对较低。

反向推理控制策略的基本思想是先假设一个结论，然后在工艺知识库中找出那些结论部分和这个目标相关的工艺知识集，再检查工艺知识是否符合每条工艺知识的条件，如果某条工艺知识的条件中所含有的条件项均能通过用户会话得到满足，或者能和当前工艺数据库的内容所匹配，则把该条工艺知识的结论加到当前工艺数据库中，从而该结论被证明。否则把该工艺知识的条件项作为下一个结论，递归执行上述过程，直至各"与"关系的子目标全部出现在工艺数据库中，或者"或"关系的子目标有一个出现在工艺数据库中，结论被求解。如果直至新的结论不能进一步分解而且工艺数据库不能实现上述匹配时，这个假设结论则为假。反向推理控制策略的优点是推理过程的方向性比较明确，不用寻找和不必使用那些与假设目标无关的工艺信息和工艺知识，这种策略为它的推理过程提供明确解释，告诉用户它所要达到的目标以及为此而使用的工艺知识；另外，这种策略在解空间较小的问题求解环境下尤为合适。这种策略的不足之处是初始结论的选择较为盲目，不能通过用户自愿提供的有用信息来操作，对于解空间较大、用户要求做出快速响应的问题领域，反向推理策略就很难实现了。

混合推理控制策略是一种集正向推理和反向推理优点于一身的有效方法，其思想为先使用正向推理帮助选择初始目标，即从已知加工工艺事实演绎出部分结果，据此选择一个结论，然后通过反向推理求解该结论。在求解这个结论时又会得到用户提供的更多信息，再正向推理求得更接近目标的结论，如此反复进行正向推理和反向推理这个过程，直至问题求解为止。另外，双向推理也是常用的。双向推理往往从给定的部分工艺数据或者不充分的证据出发正向推理，然后以最有可能成立的结论为假设，再进行反向推理，验证所缺的事实是否存在。两者不断接近，在得到正确结论之前，总是这样来来往往地进行推理。这种方式对于复杂求解问题的系统可能有更高的求解效率，求解过程可能更易为人们所理解。

②加工工艺知识的智能搜索算法。加工工艺知识的搜索方法分为盲目搜索和启发式搜索，盲目搜索方法有广度优先搜索法和深度优先搜索法，启发式搜索方法有最好优先搜索算法、局部择优搜索算法、与或树的启发式算法等。在搜索中，工艺知识通常可以看成具有层次关系的树状或网状结构，即从某一节点出发的有向图，搜索就是从该节点出发对有向图的遍历，搜索的目标是寻找某些满足一定条件的节点的集合。深度优先搜索法是一种一直向下的搜索策略，它只对有限状态空间类问题具有算法性，但是无可采纳性。而广度优先搜索法是从树根向下一级依次无穷尽搜索的方法，只要存在目标节点，就一定可以找到，因此它具有可采纳性，只是搜索效率很低。

根据检索粒度和检索层次的要求，典型工艺实例的智能检索采用不同的算法。如果用户选择高的检索层次和很细的检索粒度，可以采用基于实例推理的检索方法；如果用户选择低的检索层次和粗的检索粒度，可以采用典型工艺实例低层次检索算法。

4.2.2 加工性能的智能预测

为提高生产率并保证最终成型产品的工艺性能，在设计阶段需充分运用各种先进的软件工具和智能技术，预测给定加工工艺方案下产品的可制造性及成型制品的工艺性能，在此基础上选择最优的加工工艺方案，避免实际加工生产实验中原材料、时间及能源的消耗。目前，工程技术人员常用的加工性能智能预测方法主要有基于加工过程仿真的产品工艺性能可视化预测、基于近似响应面模型的产品工艺性能智能预测和基于模糊变权法的产品工艺性能智能综合评价等。

基于加工过程仿真的产品工艺性能可视化预测就是利用计算机软件来模拟加工过程，将加工过程和加工结果中的信息在计算机中用图形、数字、图表等方式表达出来，以达到供人们判断、验证和控制加工过程和结果的正确性、合理性、产品性能及加工效率等目的。它可在计算机上模拟出加工和零件成型的全过程，直接观察在加工过程中可能遇到的问题，反复调试，直到得到满意的结果，而不实际消耗机床、工件等资源。基于加工过程仿真的产品工艺性能可视化预测技术是随着计算机技术、CAD/CAM技术、计算机图形学和系统仿真学等几门学科的发展而发展起来的，是各学科综合在加工技术中的具体应用。当前，计算机硬件性能的迅速提升也为加工过程仿真提供了强大的硬件基础。

　　加工过程仿真主要分为几何仿真和物理仿真两个方面。几何仿真将刀具与产品视为刚体，不考虑切削参数、切削力及其他物理因素的影响，只仿真刀具——工件几何体的运动，它可减少或消除因程序错误而导致的机床损伤、夹具破坏或刀具折断、零件报废等问题，减少从产品设计到制造的时间，降低生产成本。物理仿真是通过仿真加工过程的动态力学特性来预测刀具破损、刀具振动、产品表面状况，控制加工参数和改善加工状态，从而达到优化加工过程的目的，加工过程物理仿真需要研究加工过程中的各种复杂物理规律。

　　加工过程几何仿真技术是随着几何建模技术的发展而发展的，目前常用的建模方法有线框建模法、直接实体造型法、基于图像空间的建模方法和离散矢量求交法。

　　线框建模法表达简单，易编程实现，但其简单也导致了一些弊端。对于一些形状复杂的零件，常常会导致加工轨迹过于拥挤，仿真往往变得十分模糊，且线框模型并未对刀具与毛坯体间的几何切削关系进行数学处理，仅仅显示了刀具的运动过程，所以，通常仅用于对加工过程的粗略观察。

　　直接实体造型法是直接用数学方法描述几何体，保存了几何实体全部几何信息，因此计算结果精确，可用于进行各种几何测量和处理。该法不足之处在于刀具的每一步运动都需要进行大量曲面相交运算，计算量大，仿真速度慢。基于图像空间的建模方法是在窗口坐标（视坐标）下按平行透视原理进行计算，其算法类似于计算机图形学中的 Z - Buffer 消隐算法，该法在 CAD/CAM 软件中应用较普遍。但该法将屏幕面作为固定投影基准面，在显示过程中丢弃了场景内物体大部分的几何深度信息，因而只能做静态观察，不能进行旋转、缩放等几何变换，也不能进行测量、分析等仿真后处理工作，导致其应用受到很大限制。此外，其算法设计中离散精度由屏幕像素间隔决定，不能根据加工精度和显示效果要求来控制精度，可控制性差。离散矢量求交法针对基于图像空间建模方法和直接实体造型法的不足，用独立的投影平面代替屏幕平面将几何体离散，用离散点处的矢量代替几何实体数据。该法没有几何实体的数学描述，但可用精度来控制离散网格密度，是一种可控制精度的几何建模方法。现有加工仿真软件普遍采用基于图像空间建模方法和离散矢量求交法。对于直接实体造型法，若能解决几何模型的数学描述和计算速度问题，将是一种比较理想的方法。

　　加工过程物理仿真是在实际加工之前分析与预测各参数的变化及干扰因素对加工过程的影响，揭示加工过程的实质，分析产品的成型性能，辅助在线检测与在线控制，进行工艺规程的优化。加工过程物理仿真的主要内容包括加工过程中实际切削力的变化规律、整个工艺系统的动态变化特点、刀具磨损、产品的成型性能、工艺参数对产品性能的影响及危险、异常情况(如切削颤振等)的预测等方面。目前开发出的物理仿真系统大都是针对具体工况，在加工形式、刀具种类及形状既定条件下建立加工过程模型，在计算机上虚拟执行加工过程。

目前的商业化软件，无论是大型 CAD/CAM 系统的加工过程仿真模块，还是专门的加工过程仿真系统，几乎都不具备物理验证的能力。首先，由于仿真系统形体描述所基于的造型系统基本元素点、边、面和体均由理想形状几何体构成，体现不出物体相互作用时物质微观结构的物理变化，如刀具与产品相互作用时产生的弹性变形和热变形。其次，由于机床运动误差、振动误差、切削弹性变形与热变形、刀具磨损等诸多因素影响，难以建立统一的加工过程模型；加工过程的机理十分复杂，要建立一个具有通用价值的物理仿真系统，必须综合运用模糊数学、神经网络、数据库、知识库、以范例和模型为基础的决策系统、专家系统等理论和技术。

目前，国内外关于加工过程物理仿真的研究工作对产品性能的有效预测有着积极意义，但还存在以下问题：

(1)加工过程物理仿真模型尚需完善。加工过程物理仿真的关键技术是建立加工过程的数学模型，切削加工过程是复杂的多输入和多输出系统，涉及参数众多，随时会受到各种干扰因素的影响，且某一参数的变化可能会对系统的输出有较大影响，因此，在建模时如何处理这些参数和干扰因素，使加工过程模型既能正确反映切削实际，又能反映参数变化及干扰因素对切削过程的影响，是切削过程建模的关键。同时，加工过程建模时要涉及大量的参数和数据，有时还需要做大量的切削实验，这些都增加了建模的难度。模型中涉及因素过多难免会顾此失彼，过于简化的模型又经不起实践检验，实用性差。目前的仿真系统中都有大量的假设条件，目的是降低模型的复杂性，但同时削弱了仿真系统与实际加工过程的拟合程度。如何建立合理的加工过程模型，将决定过程仿真系统的质量。

(2)加工过程物理仿真系统缺乏通用性。目前的加工过程物理仿真系统大多是针对某一特定的加工过程而建模设计的，机床种类、加工形式、刀具的种类和工件材料等参数都规定得很明确。当某一参数如刀具种类变化时，模型必须进行修改，使得仿真模型及系统的应用范围受到限制。如何综合切削理论、计算机等方面技术，建立通用性强的仿真模型和仿真系统，是物理仿真需要解决的又一个问题。

(3)加工过程物理仿真系统实用性差。由于切削过程的复杂性及建模难度大等客观因素的存在，仿真系统的可视化预测结果与实际产品性能的拟合程度尚有差距。当工况发生变化时，仿真模型不能及时、动态地反映这种变化，这些都限制了加工过程物理仿真系统的实用化程度。

(4)未能与几何仿真充分结合。只有加工过程几何仿真与物理仿真的有机结合，才能构成完整的虚拟加工过程仿真系统，但目前这两方面的研究几乎是并行进行，相互辅助、结合的工作还做得不够。几何仿真过程中包含有物理仿真中所需的大量几何信息，二者之间的信息沟通、数据的交互顺畅流动将非常有助于提高加工过程仿真系统的质量。

产品工艺性能智能预测模型。产品加工工艺优化设计模型求解过程中往往需反复迭代并获取目标和约束函数中产品的性能指标值，计算量巨大或实验成本高昂。为提高求解效率，可通过实验设计获取足够多、有代表性的样本点，建立预测给定加工工艺条件下成型产品各性能指标值的近似响应面模型，以用于加工工艺优化模型的求解。Kriging作为一种估计方差最小的无偏估计模型，具有全局近似与局部随机误差相结合的动态特点，它的有效性不依赖于随机误差的存在，对非线性程度较高和局部响应突变问题具有良好的拟合效果，因此，以Kriging模型为例介绍基于近似响应面的产品工艺性能智能预测方法。

Kriging模型可以近似表达为一个随机分布函数和一个多项式之和，即式（4-1）中，$y(x)$为未知的Kriging模型；$f(x)$为已知的关于x的二阶回归函数，提供了设计空间内的全局近似模拟，为回归函数待定系数，其值可通过已知的响应值估计得到；$z(x)$为一随机过程，是在全局模拟的基础上创建的期望为0、方差为σ^2的局部偏差，其协方差矩阵可表示为

$$\mathrm{cov}[z(x^i), z(x^j)] = \sigma^2 R[R(x^i, x^j)] \tag{4-1}$$

式中，R为相关矩阵；$R(x^i, x^j)$表示任意两个样本点的相关函数，i、$j = 1, 2, \cdots, n$，n为样本中数据个数。$R(x^i, x^j)$有多种函数形式可选择，在此选择高斯函数作为相关函数，其表达式为

$$R(x^i, x^j) = \exp\left(-\sum_{k=1}^{n} \theta_k |x_k^i - x_k^j|^2\right)$$

式中，θ_k为未知的相关参数。

根据Kriging理论，未知点处的响应估计值可通过下式得到，即

$$y(x) = f(x)\dot{\beta} + r^\mathrm{T}(x)R^{-1}(y - f\dot{\beta}) \tag{4-2}$$

式中，$\dot{\beta}$为β的估计值；y为样本数据响应值构成的列向量；f为单位列向量；$r^\mathrm{T}(x)$为样本点和预测点之间的相关向量，可以表示为

$$r^\mathrm{T}(x) = [R(x, x^1)R(x, x^2)\cdots R(x, x^n)]^\mathrm{T}$$

β和方差估计值$\dot{\sigma}^2$可以通过下式求得

$$\beta = (f^\mathrm{T}R^{-1}f)^{-1}f^\mathrm{T}R^{-1}y$$

$$\dot{\sigma}^2 = \frac{(y - f\dot{\beta})^\mathrm{T}R^{-1}(y - f\dot{\beta})}{n}$$

相关参数θ可以通过求极大似然估计的最大值得到

$$\max F(\theta) = -\frac{n\ln(\sigma^2 + \ln|R|)}{2}(\theta \geq 0)$$

通过求解上式得到的θ值构成的Kriging模型为拟合精度最优的近似模型。

4.2.3 加工参数的智能优选

产品加工工艺参数的具体取值对最终产品的成型质量、原材料及能源的利用率等有着直接而重要的影响，要获取最优的加工工艺参数设计方案，需在利用加工过程仿真模型和近似响应面技术快速预测不同工艺参数组合情况下产品加工质量的基础上，构建以加工参数为设计变量、以产品加工质量特性指标为设计目标及约束条件的加工工艺参数优化模型，利用遗传算法等智能优化算法进行智能求解，从而获得符合实际生产需求的最优加工

参数设计方案。

1. 基于变粒度的加工工艺参数多目标优化模型构建

(1)工艺参数优化问题建模的变粒度策略

产品加工工艺参数的优化需考虑产品质量、原材料和能源的利用率、生产效率等众多因素,加工工艺参数优化过程中需确定的工艺参数繁多,因而是一个复杂工程系统的优化问题。面对此类问题,工艺设计者通常需通过多次实验、反复修改工艺参数才能达到预期的目标,获得令人满意的工艺方案,即采用一种由粗到细、逐步求精的"变粒度"或"变复杂度"的方法来处理。所谓粒度,是指人类在解决和处理复杂问题时把大量复杂信息按其各自的特征和性能划分而成的简单信息块。

从粒度的角度看,工艺设计者在对产品加工参数进行优化设计时往往需从若干不同粒度的世界分析问题,并寻求较为理想的解。其设计过程主要分为两步:一是明确所要达到的工艺设计目标,并确定待考察的工艺参数变量;二是搜寻并获取符合工艺设计目标的工艺参数变量。在工艺参数优化过程中,设计者穿梭于不同粒度的信息世界中,通过反复实验、修改工艺参数,确认并调整所获取或已经获取的信息或知识,而这些行为均由预期的工艺优化目标来驱动。

在工艺参数设计初期,设计者通常先根据经验选择关键工艺参数作为设计变量,采用对用户而言最为重要的工艺设计目标作为优化目标,而忽略其他工艺参数和工艺设计目标的影响,即从一个粗粒度的世界来分析处理加工工艺参数优化问题。因此,在工艺设计初期,可采用粗粒度模型来描述工艺参数优化问题,仅考虑较重要的工艺参数变量和工艺设计目标,使得设计变量的数目较少,目标函数相对简单,以简化搜索过程,从而较快地为后续工艺设计找到通向整体最优解的搜索方向。

在前期粗粒度模型求解、获取整体最优解搜索方向的基础上,后续的工艺参数优化过程中逐渐加入其他工艺参数变量,并根据实际需求增加工艺设计目标,逐渐将粗粒度模型改进成细粒度模型,以最终获得满足用户要求的最优解。采用变粒度优化求解策略,不仅符合工艺设计者基于不同粒度分析加工参数优化设计问题的思维方式,而且可在保证求解精度的前提下大幅度降低计算消耗,简化工艺参数优化过程。

(2)加工工艺参数的变粒度多目标优化模型

假定加工工艺参数优化设计问题共需考虑 N 个工艺参数变量,M 个优化设计目标,N_v 个约束,则该问题的数学模型为

$$
\left.\begin{aligned}
&\min F(x) = \min[f_1(x), f_2(x), \cdots, f_{N_O}(x)]\\
&\text{s. t. } f_i(x) \leq 0, \ i = 1, 2, \cdots, N_R\\
&x = (x_1, x_2, \cdots, x_{N_v}) \in X\\
&y = (y_1, y_2, \cdots, y_{N_O}) = [f_1(x), f_2(x), \cdots, f_{N_O}(x)] \in Y\\
&X = |(x_1, x_2, \cdots, x_{N_v}) | l_i \leq x_i \leq u_i, \ i = 1, 2, \cdots, N_v|\\
&L = (l_1, l_2, \cdots, l_{N_v})\\
&U = (u_1, u_2, \cdots, u_{N_v})
\end{aligned}\right\} \quad (4-3)
$$

式中，X 为工艺参数优化问题的设计空间，设计变量为各种工艺参数；L 和 U 分别为各工艺参数的下界和上界；Y 为目标函数空间，它又可细分为质量目标空间、成本目标空间和效率目标空间等。

对于工艺参数、工艺优化目标和约束函数繁多的加工工艺参数优化问题，设计者难以一次性地准确给出其最优解，而往往是先在较为宏观的层次上根据自身所积累的设计经验给出该优化问题的粗粒度描述并进行求解，通过反复实验、修改工艺参数方案获得对该工艺优化问题不断深入且规范化、完整化的认识，逐渐细化描述该问题的粒度，最终获得细粒度工艺参数优化模型的最优解。

采用变粒度策略构建加工参数优化问题所需的不同粒度模型的数量取决于该工艺参数问题的复杂度。对于工艺参数和优化目标的数量相对较少的优化问题，只需建立粗粒度和细粒度两种模型进行求解；而对于工艺参数和优化目标个数较多的优化问题，则需建立粗粒度、中粒度、细粒度乃至微粒度的数学模型进行求解。由此可见，在加工工艺参数多目标优化问题求解过程中，不同模型粒度的粗或细是针对解决该问题时所涉及各模型中工艺参数和目标函数个数多寡不同而言的。

2. 基于信噪比与 TOPSIS 的加工参数多目标稳健设计

加工工艺参数直接决定着最终产品的质量，若工艺参数设置不当，即使采用了最佳的产品结构设计方案，也难以获得令人满意的产品。随着人们对产品功能需求和精度要求的不断提高，其结构形状日趋复杂化，也更凸显了加工工艺参数对产品质量的重要影响，仅是某个工艺参数的微小扰动也可能使产品的加工误差或表面缺陷超出允许范围。而在实际大批量生产中，不同批次或不同品牌材料的特性、机床的精度、环境温湿度、机床工作电压等均可能发生不同程度的变化，从而导致加工工艺条件的不稳定，这就对产品加工过程中各工艺参数的稳健性提出了更高的要求。因此，在产品结构复杂化的发展趋势下，要获得精度、性能稳定的高质量产品，必须充分考虑加工过程中各种不稳定因素对产品加工质量的不良影响，获得具有强抗干扰能力的最佳工艺参数设计方案，实现产品加工工艺参数的稳健优化设计。在实际生产中，设计者通常需综合考虑产品多个质量特性指标的优劣来确定当前的工艺参数是否合理或最优，即需要实现加工工艺参数的多目标稳健设计。

(1)内外表参数设计

产品加工过程中涉及的工艺参数众多，难以直接确定对产品质量起决定作用的主要因素，因此，需先利用无交互作用的二水平正交表安排实验，将各工艺参数的两个水平分别选在中心和边界位置，通过方差分析筛选出对产品质量影响最大的若干个工艺参数作为稳健设计中的可控因素，然后根据具体情况确定各可控因素的水平数和水平值，选择合适的正交表进行内表实验设计。

加工工艺参数在产品制造过程中可能受外界环境的影响而产生误差，故将上述筛选出的主要工艺参数(即可控因素)的误差作为噪声因素，即内外表参数设计中噪声因素与可控因素的数目相同。对于内表的每组工艺参数方案，均考虑噪声因素的基本值、上下偏差共三个水平，采用正交表安排其外表实验，以深入分析产品加工过程中各可控因素的误差对

产品质量的不良影响。

（2）信噪比计算

信噪比可以被认为是衡量产品稳健性的指标，信噪比越大则产品越稳健。根据产品质量特性的不同，信噪比函数具有三种不同形式。考虑到基于流动分析获得的产品质量特性指标反映了产品中各类缺陷的严重程度，具有望小特性，故内外表中第 i 组加工工艺参数设计方案下第 j 个质量指标的信噪比可利用式（4-4）计算而得

$$\eta_{ij} = -10\lg\left(\frac{1}{K}\sum_{k=1}^{K} yy_{ijk}^2\right), \ i = 1, 2, \cdots; j = 1, 2, \cdots, n \qquad (4-4)$$

采用内外表参数设计法进行稳健设计时，总实验次数为内外表实验次数的乘积，因此需要进行大量实验。若对每次实验方案均采用仿真分析软件进行数值模拟预测，则在获取各实验方案下产品质量特性指标值的过程中必然涉及大规模的数值计算，且耗时过长。为克服此不足，在筛选出对产品质量影响最大的主要工艺参数后，采用均匀设计表安排足够次数的流动分析实验，利用所获得的样本数据进行逐步回归分析，建立预测给定工艺参数方案下产品各质量特性指标值的二次多项式回归模型，以避免内外表实验过程中反复进行流动分析，并快速获得计算信噪比所需的各质量指标值。

（3）稳健优化算法

确定产品的质量评价指标并利用流动分析求得各实验方案下产品的质量指标值后，即可计算出内表所有加工工艺方案下产品各质量指标所对应的规范化信噪比，构建样本矩阵，然后运用TOPSIS求得各工艺方案相对于理想空间点逼近程度的大小，进而获得各设计方案的稳健性能指数，并选出稳健性最优的工艺设计方案。算法的具体步骤如下：

步骤1：优化问题描述。包括：①根据用户对产品质量的要求，选取评价工艺参数方案优劣的质量特性指标；②通过筛选实验确定对产品质量特性指标影响最大的主要工艺参数变量，即可控因素；③确定噪声因子，即不可控因素。

步骤2：回归预测模型构建。根据可控因素个数及水平，采用合适的均匀设计表安排实验，进行流动分析，以获取足够多、有代表性的产品加工成型样本数据，并基于逐步回归分析建立预测给定实验方案下产品各质量特性指标值的非线性回归模型。

步骤3：内外表实验设计。根据可控因素个数及其水平、噪声因素个数及其水平，采用合适的内外表安排实验，基于步骤2中所建立的回归预测模型计算出所有实验方案下产品各质量特性指标的值。

步骤4：信噪比计算和决策矩阵生成。利用式（4-4）计算出内表所有工艺参数设计方案下各质量特性指标所对应的规范化信噪比，构造设计决策矩阵。

步骤5：基于TOPSIS的加工参数稳健性优劣评定。包括：①根据产品质量特性指标数目和种类多寡，采用层次分析法或依赖专家经验确定各质量特性指标的权重；②计算各工艺设计方案的决策关系矩阵；③确定各加工工艺方案下产品质量稳健性最优和最劣的两个极限状态；④计算出各加工工艺参数设计方案的稳健性能指数。

步骤6：确定稳健性最优的加工参数设计方案。

4.3　智能管理与服务

4.3.1　引言

智能服务是智能制造的重要服务支撑。智能服务是指对智能制造的各阶段、各节点提供数据挖掘服务和知识推送服务。通过智能服务，可以使智能制造过程围绕客户需求展开和延伸，更贴近客户需求，对于实现复杂装备按需定制的智能设计制造具有重要意义。通过智能服务，可以获取装备运行的工况参数，借助智能服务工具，基于监控数据提供智能服务决策，使装备更可靠运行。智能服务按服务对象不同可分为面向装备服役的智能调节服务和面向装备设计的智能知识服务。

客户需求是产品的消费者或使用者向产品的生产者提出的一系列要求。这种要求有的是对现存产品功能上改进的要求，有的是对现存需求得到解决的期望。从精确度上来分，客户需求可以分成模糊客户需求和精确客户需求两种。在整个产品生命周期中，从客户需求到概念设计、方案设计，甚至到详细设计，涉及众多设计任务。目前，对客户需求的挖掘方面存在的"瓶颈"在于：第一，客户和设计者分别基于不同的领域来表达产品需求信息，两者在语义和术语上的差别使产品需求信息难以从客户映射到设计者；第二，产品需求信息缺乏明确的体系结构，产品需求的不同变量及其关系一般是以抽象、模糊的概念化方式表达，通常难以被深刻理解；第三，产品需求分析缺乏结构化的映射关系，在设计初期，产品需求变量与设计参数之间不明确的关系不利于企业在短时间内获得满足客户需求的可制造产品模型，从而无法适应大规模定制生产方式的要求。可见，制造企业如何通过需求交互准确获取客户的个性化需求，并在现有的生产条件和成本约束下及时生产出定制化产品，已经成为企业亟须解决的问题。

智能服务已有成功的国际典型案例。航空发动机是飞机的"心脏"，是飞行安全、飞行性能和维修费用的主要影响因素。发达国家一直重视航空发动机的监测与诊断，美国F135和俄罗斯117S等第五代先进发动机均装备机载监测与诊断系统；美国 GE 公司将健康维护与发动机捆绑销售。据统计：波音 B737 系列的发动机运转时可采集到的数据量保守统计约为 100 万亿字节，全世界平均每天有 93000 次航班起落，2016 年全年旅客人数增加 8 亿。为满足航空业越来越极致精细、准确的要求，空客公司于 2014 年开始投入资金与甲骨文公司共同建立基于 Hadoop 技术的大数据处理系统及飞行模拟数据分析软件，并随即成立了"数据处理与试飞集成中心"。该中心负责收集并分析来自事先安装在飞行样机上的传感器，挖掘客户隐式需求的智能服务技术在试飞过程中产生的各种数据，包括从发动机的温度到机翼或起落架的载荷极限等数据，并为航空公司提供智能服务。以 A350 为例，共分析了近 60 万个参数，每天可收集到的数据已超过 2 万亿字节。航空发动机大数据与智能监控的研究，是智能服务的典型应用，对于提高飞行安全性与经济性具有重要意义。

美国辛辛那提大学智能维护系统 NSFI/UCRC 中心 JayLee 等人致力于工业大数据分析和物理网络系统（CPS）现有的发展趋势等工作，探讨了在制造业中应用 CPS 的体系结构——5C，通过 5C CPS 结构实现智能机器设计。CPS 结构包括五个水平，即 5C 架构，这个结构为工业应用上 CPS 的发展提供了方向。CPS 结构由两个主要部分组成：一是先进的连接，确保从物理空间流向网络空间的实时数据以及网络空间的反馈；二是构建网络空间的智能数据分析。5C 结构提供了一个如何从数据采集到价值创造构建 CPS 系统的工作流程。5C 结构包括智能连接、数据到信息的转换、网络、认知和配置水平。

美国安柏瑞德航空大学系统工程系 Radu F. Babiceanu 等人概述了近年来基于制造领域的技术发展，还提出了 M-CPS 的发展建模准则。M-CPS 模型包括物理世界和网络世界，在这两个世界中有一层网络物理设备，例如传感器和驱动器、局域网以及应用程序和网络安全软件，完整的网络物理系统如图 4-5 所示。在适当的配置和必需的重复时，网络物理设备层能够通过传感器提供状态控制，并通过驱动器提供对制造操作任何阶段的调整。

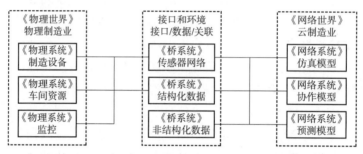

图 4-5　融合智能监控服务的基于物联网的制造系统

德国凯泽斯劳滕大学制造技术和生产系统研究所 GalsumMt 等人通过机床制造商的案例，研究了如何提高机床的能效。机床有多个组件，通过机器数据可以反映出各个组件的能效不同，但大多数制造商并不清楚使用过程中的实际能量需求。冷却润滑系统、机器冷却和液压是最耗能的系统部件，组件由主轴、轴线、外部设备和电子设备四个主类构成，主类的每一个组件按照能量需求的高度分为三类：低能量需求、中能量需求和高能量需求，外部设备的组件全都是高能量需求的组件。图 4-6 表示机床能效的影响因素，通常有三个主要因素：机器、技术/工艺和环境。

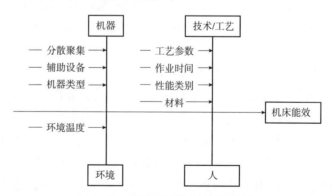

图 4-6　数控机床能效的影响因素

在服务相关的机床能效分析中，只考虑了能量效率，没有考虑资源效率，也没有考虑生产机床和提供服务的能耗。其中生命周期会考虑能耗：第一，分析客户角度的机床生命周期；第二，确定所选机床的能效，效率会分布在每个组件；第三，确定现有的和潜在的服务，以此增加机床的能效；第四，将不同服务的影响从低到高进行评估。

4.3.2　面向装备设计的需求获取与智能知识服务

国内外学者对制造企业的客户需求进行了深入研究。当前客户需求挖掘的方法主要有可视化方法、统计分析法、遗传算法、粗糙集方法、决策树方法、神经网络方法和聚类方法等。

客户需求挖掘是知识发现过程中的一个特定步骤，也是核心的步骤。一般来说，不存在一个普遍适用的客户需求挖掘算法。一个算法在某个领域非常有效，但是在另一个领域可能不太适用。例如，决策树在问题维数高的领域可以得到比较好的分类结果，但对数据类之间的决策分界采用二次多项式描述的分类问题不太适用。任何一个客户需求挖掘算法都有其优点和缺点。事实上，不存在评判算法优劣的确切标准，因为不同的目标情况所需要的方法也不相同，而且每种技术方法都有其内在局限性。因此，选择方法要由具体应用的目标情况决定，不能仅仅由算法的性能判断。

聚类方法和可视化方法也可以用于多个方面。在网络信息的知识发现中，对内容的挖掘可以采用关联分析、神经网络法和分类挖掘等方法；对结构的挖掘可以采用关联分析、分类挖掘、聚类挖掘和可视化技术等方法；对使用记录的挖掘可以采用关联分析、分类挖掘和遗传算法等。由于每种方法都有它的长处和不足，应考虑如何结合起来，互相取长补短，从而取得更好的效果。

4.3.3　基于多色集合的客户需求域层转换方法

客户需求是客户对产品功能、使用性、外观、价格等方面的要求。客户在表达需求时，更愿意用符合语言习惯的模糊形式来表达，如果只用一个确定的值来表达，难以真实地反映客户要求，而且有时还会给产品设计带来不必要的困难。客户需求分析知识如图4-7所示，需求分析的输入端为用户需求，在设计资源的约束和设计工具的支持下，借助产品结构配置和相应技术特性，获取客户需求向各个部件的分解或映射结果。由产品设计知识的概念可知，产品设计知识需求包括基本设计需求、环境需求和客户个性需求。基本设计需求指设计者设计出新产品所需要具备的设计知识，如基本功能、基本原理、架构、外形等；环境需求指产品本身所具有的绿色属性，如包装、材料、可回收性等；客户个性需求是产品用户对产品的设计需求，如工作方式、高质量等。

产品设计知识扩展对设计知识的重用具有重要意义。扩展模型通过约束和映射，将结构模型、设计方案模型、装配模型等进行集成，在产品设计知识重用时，将顶层的设计信息与底层结构属性联系起来，可实现设计知识的多层次重用。当前装备设计中，存在难以针对客户需求进行合理定制设计的问题，为此，提出了基于多色集合的客户需求域层转换

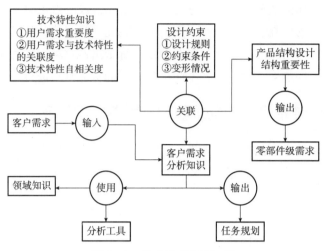

图 4 - 7　客户需求分析知识

方法，通过多色集合表示客户需求与设计参数的相互关系，对多色布尔矩阵进行变换排序，再将客户需求—设计参数集合依次排序并进行参数计算，获得满足客户需求的设计参数的结果。

4.3.4　变权分层扩散激活的设计知识智能服务

计算机、互联网技术的迅速发展与广泛应用方便了设计人员对设计知识的获取，但也让产品设计知识的数量呈几何级数增长，如何从庞大的知识库中检索到满足当前需求的设计知识，已成为设计人员面临的新的难题，严重影响了设计效率的提高。知识推送技术依据用户需求，将知识主动、实时地推送给用户，能有效地解决知识使用中知识超载、知识迷航等问题，因此也是产品设计知识管理与重用的重要研究方向。

目前，知识推送技术在国内外得到了很多学者的关注。最初的研究热点是面向电子商务、社交网络和网络多媒体等领域，以协同过滤为基础的知识推送算法在这些领域中得到了广泛的应用。在对知识推送的研究兴起后，很多学者将其应用于互联网、电子商务和社交网络中的个性化知识推送。

为了实现精确、动态的产品设计知识推送，有学者提出了基于变权分层激活扩散模型的设计知识动态推送技术，分析了产品设计知识推送系统架构，建立了面向产品设计知识推送的变权分层激活扩散模型。以集聚关联分析方法获得设计知识节点的关联关系，通过层次激活扩散过程获得设计知识推送结果。结合对设计人员反馈行为的分析，提出了设计知识单源与多源动态推送方法。

4.3.5　面向装备服役的状态预警与工况调节服务

装备机组在运行时会出现各种状况，外界的干扰与装备自身的振动与摩擦可能会对装备产生一定影响，会对装备的连续健康运行造成隐患。传统的现场停机检查，生产维护成本高、装备利用率低下。

装备机组状态智能感知与智能监控，就是利用计算机技术以及安置在装备上的传感器实时感知装备各种运行信息，并将采集到的信息实时传递，系统对采集到的信息进行处理后将其呈现在客户端，由装备使用厂家与生产厂家对装备的运行状况进行判断分析，对可能发生的生产安全问题进行预警，从而做到智能感知与智能监控。

大数据技术给产品设计提供了一种新的途径。随着移动互联网、物联网等技术的兴起和应用，人类进入"大数据"时代。从产品设计制造的角度来看，大数据是指难以用传统CAD技术和软硬件工具在可容忍时间内对其进行感知、获取、处理和服务的数据集合，蕴藏着产品设计中多种有潜在价值的跨领域的设计依据和规律。

从产品设计制造过程来看，影响装备服役的大数据主要包括设备运行性能大数据和使用工况寿命大数据等。设备运行性能大数据源于运行状态监测分析，为设计者提供连续测量和反映运行状况的数据。比如锻压装备，液压控制系统通过大数据统计学非线性回归，将运行参数数据与成型性能指标之间的关系用数学模型的方式表达出来，使锻压装备在节能和压制过程性能优化方面，比传统热力试验(如耗差分析)的方法和依靠运行人员的经验做得更好，为产品设计性能精良优化创造了条件。使用工况寿命大数据源于不同工况下的寿命计算，工况的多样性和复杂性导致有差异的使用寿命。比如锻压装备，涉及制件精度、成型速度、拉伸深度等不同类型工况寿命数据，根据被监测设备或构件的大数据工况条件来确定其主要的寿命损耗机制(蠕变、疲劳或蠕变疲劳交互作用等)，按所确定的机制来采用相应的寿命损耗率的计算公式或模型，为产品设计参数精准计算提供了工具。

由此可见，大规模、实时、连续、动态呈现的大数据映射在时间轴上的是事件发生、发展、演变与结束的过程。在大数据时代，如何从形态多变、分布零散、属性复杂的异构资源中对有价值的知识进行获取和表达就成为亟待解决的问题。将大数据技术融入产品全生命周期设计过程，不仅需要海量异构数据有效建模和表达多领域不完备、不确定设计需求，而且要建立设计知识动态约简与运算模型，以处理不同领域非结构化数据之间的转化，研究一种能表达产品设计从模糊到精确、由发散到收敛的大数据设计求解过程的方法，为支持大数据的产品设计提供新的方法和途径。

以数控机床为例，现有的设计缺乏数据库和知识库的支持，难以实现性能的高精度设计，因此，提出模块资源库和结合面特性资源库支撑的数控机床设计服务创新平台，即数控机床装备云服务模式创新设计。其核心思想是将传统的数控机床零部件制造延伸到机床设计仿真，再延伸到机床设计服务，不断提升数控机床的自主创新设计能力。

以数控机床为例，设计大数据主要包括机床结合面特性大数据、机床模块库设计大数据、机床产业链协作设计大数据、机床设计规范大数据、机床设计标准大数据、机床材料与仿真设计大数据、机床经验规则设计大数据、机床设计实例大数据、机床设计知识融合大数据和机床知识管理大数据。

(1)机床结合面特性大数据

根据不同类型结合面的接触表面面积、载荷分布、载荷大小、结合面介质等信息，获得固定栓接结合面、导轨结合面、刀柄结合面、丝杠结合面、轴承结合面的结合面刚度、

结合面阻尼、结合面等效模型、结合面建模方案等大数据。机床结合面特性大数据包括结合面特性数据和结合面特性案例两方面。

结合面特性数据是针对不同的结合面类型，记录的对应结合面特征条件及结合面刚度、阻尼的数据。考虑机床结合面中所涉及的结合面类型，采用结合面定性条件全覆盖、定量条件尺度覆盖的方式，构建机床结合面特性数据库，通过不断增加的结合面数据条目信息，实现结合面数据的准确查询和精确的插值拟合计算。固定栓接结合面：根据固定结合面的材料、加工方式、结合面介质、结合面面积、表面正压力，确定对应条件下的法向静刚度、切向静刚度、法向动刚度、切向动刚度、法向动阻尼、切向动阻尼等数据。导轨结合面：根据导轨结构形式、导轨型号、安装预压形式、导轨载荷，确定对应条件下的法向静刚度、切向静刚度、法向动刚度、切向动刚度、法向动阻尼、切向动阻尼等数据。刀柄结合面：根据刀柄类型、主轴材料、锥面硬度、锥面精度、结合面介质、拉刀力，确定对应条件下的径向静刚度、轴向静刚度、径向动刚度、轴向动刚度、径向动阻尼、轴向动阻尼等数据。丝杠结合面：根据丝杠直径、丝杠导程、螺母个数、丝杠预紧方式，确定对应条件下的静刚度、法向动刚度、法向动阻尼等数据。轴承结合面：根据轴承类型、轴承型号、轴承轴向力和径向力，确定对应条件下的径向静刚度、轴向静刚度、径向动刚度、轴向动刚度、径向动阻尼、轴向动阻尼等数据。结合面热阻：根据结合面材料、结合面接触面积、结合面单位面积正压力，确定对应的结合面接触热阻数据。

结合面特性案例是典型的结合面建模方法及分析过程案例。案例主要流程：①建立几何模型，通过结合面特性识别、模型简化等方式建立结合面等效模型；②定义模型材料属性，包括弹性模量、泊松比、密度等；③确定模型边界条件，包括载荷、约束、惯性力等；④网格划分；⑤设定结合面具体条件，包括接触类型、表面状态、预紧力等信息；⑥根据需要确定分析类型并分析输出结果。

（2）机床模块库设计大数据

将数控机床设计分析所用的模型模块进行整合规划，根据模块类型不同，对模块进行编码，建立对应模块的事务特性表。

机床模块库设计大数据主要包括机床的标准件模块、外购件模块和专用件模块等。机床标准件模块是机床中已经标准化的通用零部件，包括螺母、螺柱、自攻螺钉、伽钉、焊钉、挡圈、垫圈、法兰、销、弹簧和螺栓等。机床外购件模块是机床设计中通过选型选配方式确定的机床零部件，由机床外协厂家加工制造，主要分为传动类模块、功能部件模块、管及管接头模块、密封件模块、电器类模块、液压气动润滑类模块和轴承类模块等。专用件模块是机床中需要重点设计分析的主机部件，包括机床床身、立柱、工作台和主轴箱等，不同机床的主机部件模块细部结构各不相同。

（3）机床产业链协作设计大数据

机床产业链协作设计大数据考虑机床主机厂与各外协加工厂、上下游企业之间的交流与数据传递；为机床主机厂家提供外协厂家的产品具体参数、选配方式流程等信息，以利于机床外购部件的快速选型配置；为机床外协厂家提供机床主机厂家的设计需求信息，供外协厂家有针对性地进行产品开发工作，提高产品竞争力。

机床产业链协作设计大数据包括机床零件样本资源和机床设计信息资源。机床零件样本资源以各机床零部件企业提供的机床零部件样本手册为基础，构建零部件样本手册资源池，实现零部件样本的便捷查询，在零部件样本手册资源池的基础上，实现零部件样本选型功能，根据机床零部件选型需求，即可获得所需的零部件具体信息。机床设计信息资源以机床互联网资源为基础，提供机床相关的互联网网站导航功能，加强机床行业的交流互联。具体包括：机床企业导航，提供国内外数控机床制造厂商信息；机床行业协会导航，提供中国机床工具工业协会等多个机床工业协会信息；机床零部件企业导航，提供国内外数控机床零部件生产企业信息；机床专业网站导航，提供多个热门的机床信息网站。

（4）机床设计规范大数据

机床设计规范大数据考虑当前机床的设计需求、设计难点、设计条件等因素，在传统机床设计方法的基础上，结合机床数字化设计方法理论及现代设计工具，制定一系列针对数控机床整机、主轴部件、支撑部件、进给系统等的设计、分析规范，提高机床行业大数据驱动的正向设计能力。机床的设计分析规范依据设计对象进行分类，主要包括：数控机床整机动、静特性分析系列规范，数控机床整机热特性分析系列规范，数控机床主轴设计系列规范，数控机床直线进给系统设计系列规范，数控机床回转进给设计系列规范，数控机床支撑件设计系列规范等。

（5）机床设计标准大数据

机床设计标准以当前的国家标准和行业标准为基础，收集各机床企业实际设计所用的手册信息并进行电子化工作，以利于机床企业进行手册的内容查询、对比、勘误。具体包括：①机床设计方面：机床设计手册（1986版）、简明机床夹具设计手册等；②机械设计方面：简明机械设计手册、机械设计手册（零件结构设计工艺性）、机械设计手册（疲劳强度设计）、机械设计手册（成大先版单行本）等；③液压设计方面：液压气动系统设计手册、液压传动与控制手册等；④电气方面：电子电路大全、电气技术禁忌手册、电气照明设计手册、机床电路图大全等。

（6）机床材料与仿真设计大数据

考虑到机床设计过程中机床样机试制的高额费用和资源消耗，建立统一的机床物理实验数据库，通过科学规划的若干机床物理实验，获得机床材料和结构方面的实验数据信息，结合有限元理论，构建机床材料仿真模型，达到减少机床样式试制次数的目的。机床的材料仿真模型，根据尺度不同主要分为机床整机材料仿真模型、机床主轴材料仿真模型、机床支撑件材料仿真模型、机床进给系统材料仿真模型、机床结合面材料仿真模型等。

（7）机床经验规则设计大数据

收集机床设计中存在的大量经验公式、经验取值和经验设计方法，构建机床经验设计规则资源库大数据，将机床的经验规则作为机床规范设计的补充内容，满足机床设计上对设计精度、设计效率和设计可靠性的平衡要求。

（8）机床设计实例大数据

在机床设计中，对机床的设计过程进行详细记录，构建机床的设计实例资源库，提高

机床设计中的数据积累完整性。机床设计实例是从机床设计需求分析开始，经过机床整机方案设计、机床详细部件设计与分析、机床整机分析、机床方案设计评价与改进的设计全过程，最终获得机床设计结果的全部信息数据，包括机床设计各阶段参数的数据，机床设计各阶段结构模型，机床设计各阶段所参考的类比对象、设计知识、计算过程、分析内容等。

(9)机床设计知识融合大数据

将各类分散、异构的机床设计资源进一步规划组合，以设计知识元的形式对设计资源进行重构，构建机床设计知识融合资源库，将被动的设计资源查询，转化为主动的设计资源关联推送模式，在机床设计的具体阶段，主动提供设计内容相关的知识点、零件样本、模型模块、设计案例等信息，提高机床设计资源利用率。

(10)机床知识管理大数据

绿色制造模式需要利用大数据使产品生命周期的环境影响信息透明化，协同进行产品制造和使用过程监督，并使产品零部件重用普遍化。制造技术与新材料技术、新能源技术与信息技术的深度融合，变得越来越复杂。企业难以全面掌握所需的所有技术，必须借助外部力量才能完成产品的研发、制造、管理、维护和回收等活动。利用设计大数据，建立设计标准协同平台，记录设计标准制定过程全程；支持大众对标准和相关知识进行发布和评价，形成标准知识网络，不仅了解设计标准与其他知识的关系，还可以评价标准建议者的水平和贡献，并进行排名，根据排名确定标准最终的制定者；协同跟踪和评价标准的使用情况，有助于不断完善设计标准。

4.4 智能生产系统

在设备联网的基础上，生产车间利用 MES、APS 等管理软件可对生产一线的状况实现实时管理，可以提高设备的利用率，实现生产过程的可追溯，减少在制品的库存，达到生产过程的无纸化，真正做到智能生产。智能生产系统包括制造执行系统、高级计划与排程系统、统计过程控制系统、质量管理系统、设备管理系统、电子拣选系统、防错料管理系统和仓储管理系统。

4.4.1 制造执行系统(MES)

MES(Manufacturing Execution System)，是一套面向制造企业车间执行层的生产信息化管理系统，是一套用来帮助企业从接获订单、进行生产、流程控制一直到产品完成，主动收集及监控制造过程中所产生的生产资料，以确保产品生产质量的应用软件。

1. MES 的作用

MES 贯穿生产管理运行的始终，制造企业通过 MES 对生产过程进行控制，可实现对整个车间环境和生产流程的监督、制约和调整，使生产过程安全、生产计划准确及时推进，从而达到预期生产目标，按时、按质、按量向客户交付产品，提高客户满意度，提升市场综合竞争实力。

MES 构建智能工厂的重要性体现在提升智能工厂四大能力上，即网络化能力、透明化能力、无纸化能力以及精细化能力。这四大能力是企业构建数字化车间、智能工厂的目标，当然这些能力的提升需要在平台化 MES 搭建的前提下，MES 首先在对工厂各个环节生产数据实时采集功能的基础上，对数据进行跟踪、管理与统计分析，从而进一步帮助企业将工厂生产网络化、透明化、无纸化以及精细化落地。

（1）提升智能工厂车间网络化能力

从本质上讲，MES 是通过应用工业互联网技术帮助企业实现智能工厂车间网络化能力的提升。毕竟在信息化时代，制造环境的变化需要建立一种面向市场需求具有快速响应机制的网络化制造模式。MES 集成车间设备，实现车间生产设备的集中控制管理，以及生产设备与计算机之间的信息交换，彻底改变以前数控设备的单机通信方式，MES 帮助企业智能工厂进行设备资源优化配置和重组，大幅提高设备的利用率。

（2）提升智能工厂车间透明化能力

对于已经具备 ERP、MES 等管理系统的企业来说，想要实时了解车间底层详细的设备状态信息，进而打通企业上下游和车间底层是绝佳的选择，MES 通过实时监控车间设备和生产状况，标准 I/O 报告和图表直观反映当前或过去某段时间的加工状态，使企业对智能工厂车间设备状况和加工信息一目了然。并且及时将管控指令下发车间，实时反馈执行状态，提高车间的透明化能力。

（3）提升智能工厂车间无纸化能力

MES 是通过采用 PDM、PLM、三维 CAPP 等技术提升数字化车间无纸化能力。当 MES 与 PDM、PLM、三维 CAPP 等系统有机结合时，就能通过计算机网络和数据库技术，把智能工厂车间生产过程中所有与生产相关的信息和过程集成起来统一管理，为工程技术人员提供一个协同工作的环境，实现作业指导的创建、维护和无纸化浏览，将生产数据文档电子化管理，避免或减少基于纸质文档的人工传递及流转，保障工艺文档的准确性和安全性，快速指导生产，达到标准化作业。

（4）提升智能工厂车间精细化能力

在精细化能力提升环节，主要是利用 MES 技术，因为企业越来越精细化管理，实施落地精益化生产，而不是简单地做一下 5S。现在也越来越注重细节、科学量化，这些都是构建智能工厂的基础，大家不要把智能工厂想得特别简单，也不要想得特别神圣，很多厂商都在宣传，但是，建构数字化工厂是构建智能工厂的基础，这也就使得 MES 成了制造业现代化建设的重点。

2. MES 的效益

随着供应链全球化、大量定制化、日益严苛的环境及安全法规来袭，制造业唯有通过精益制造和数字化管理等先进的生产管理方式优化工厂底层资源，改善数据采集质量，提高生产透明度与效率。MES 是从工单、生产、设备管理、保养、质量管制，到出入库、进出货等整合的系统，可以说是一个制造形态工厂的核心。

据统计，导入 MES 可以为企业带来表 4-1 所示的效益。

表 4-1　MES 可为企业带来的效益

改善项目	带来的效益	
缩短制造周期时间	平均缩短：45%	降低的幅度：10%~60%
降低或消除资料录入的时间	平均降低：75%	降低的幅度：20%~90%
减少在制品	平均减少：24%	降低的幅度：20%~50%
降低或排除转换间的文件工作	平均降低：61%	降低的幅度：50%~80%
缩短订货至交货的时间	平均缩短：27%	降低的幅度：10%~40%
改善产品质量	平均提升：23%	提升的幅度：10%~45%
排除书面作业和蓝图作业的浪费	平均减少：56%	降低的幅度：30%~80%

3. MES 的组成

MES 是一个可自定义的制造管理系统，不同企业的工艺流程和管理需求可以通过现场定义实现。

(1)车间资源管理。MES 车间资源是车间制造生产的基础，也是 MES 运行的基础。车间资源管理主要对车间人员、设备、工装、物料和工时等进行管理，保证生产正常进行，并提供资源使用情况的历史记录和实时状态信息。

(2)库存管理。MES 库房管理针对车间内的所有库存物资进行管理。车间内物资有自制件、外协件、外购件、刀具、工装和周转原材料等。

(3)生产过程管理。MES 生产过程管理可实现生产过程的闭环可视化控制，以减少等待时间、库存和过量生产等浪费。生产过程中采用条码、触摸屏和机床数据采集等多种方式实时跟踪计划生产进度。生产过程管理旨在控制生产，实施并执行生产调度，追踪车间里工作和工件的状态，对于当前没有能力加工的工序可以外协处理。实现工序派工、工序外协和齐套等管理功能，可通过看板实时显示车间现场信息以及任务进展信息等。

(4)生产任务管理。MES 可提供所有项目信息，查询指定项目，并展示项目的全部生产周期及完成情况。提供生产进度展示时，以日、周和月等为时间段展示本日、本周和本月的任务，并以颜色区分任务所处阶段，对项目任务实施跟踪。

(5)车间计划与排产管理。MES 生产计划是车间生产管理的重点和难点。提高计划员排产效率和生产计划准确性是优化生产流程以及改进生产管理水平的重要手段。车间接收主生产计划，根据当前的生产状况(能力、生产准备和在制任务等)、生产准备条件(图纸、工装和材料等)，以及项目的优先级别及计划完成时间等要求，合理制订生产加工计划，监督生产进度和执行状态。

(6)物料跟踪管理。通过条码技术对生产过程中的物料进行管理和追踪。物料在生产过程中，通过条码扫描跟踪物料在线状态，监控物料流转过程，保证物料在车间生产过程中快速高效流转，并可随时查询。

(7)质量过程管理。生产制造过程的工序检验与产品质量管理，能够实现对工序检验与产品质量过程的追溯，对不合格品以及整改过程进行严格控制。

(8)生产监控管理。生产监控实现从生产计划进度和设备运转情况等多维度对生产过程进行监控，实现对车间报警信息的管理，包括设备故障、安全及其他原因的报警信息，及时发现问题、汇报问题并处理问题，从而保证生产过程顺利进行并受控。

(9)统计分析。MES能够对生产过程中产生的数据进行统计查询，分析后形成报表，为后续工作提供参考数据与决策支持。

4.4.2　高级计划与排程系统(APS)

高级计划与排程系统，是一个全面解决制造型企业生产管理与物料控制的软件方案。它基于供应链管理和约束理论，以追求精益生产(JIT)为目标，涵盖了大量的数学模型、优化及模拟技术，为复杂的生产和供应问题提供优化解决方案，广泛适用于各类制造型企业。

1. APS 系统的分类

APS 系统，分为供应链级的 APS 系统和工厂级的 APS 系统。供应链级的 APS 侧重于 SCP(供应链合作关系)计划的优化，包括网络配置计划、需求计划、库存计划、多工厂计划、供应计划等的优化。工厂级的 APS 侧重于交期承诺、计划与排产、加工顺序调度、物料准时配送等的优化。

2. APS 系统的特点

(1)生产排程可视化。生产排程，即按照一定的规则对产品的生产进行先后排序。比如：当自家产品供不应求时，系统会按照利润的高低多少对产品生产进行排序，利润越高则优先度越高，反之则相反；但当自家产品供过于求时，系统会根据成本的高低多少、客户意见和重要度对产品生产进行排序，重要度越高则优先度越高。而 APS 系统就是把产品生产的优先顺序按照一定的规则排列好，并把顺序自动绘制成图表，同时可以随时修改以及紧急插单，做到可视、可控的管理。

(2)精确精细化管理。大多数的生产管理系统对原料和工序的管理都只是在生产前说明需要什么原料，但并不会给出在哪道工序需要什么原料，也不会说明产品的生产需要多少道工序，更不会具体说明是哪个班组哪个成员负责什么工序，无法做到精确精细化管理。APS 系统的特点在于，会根据客户自身设置的规则，生成产品生产的工序、物料、成员、时间等，精确级别甚至能达到时分秒、物料的多少、什么工序，并能随时对其调整修改。

(3)大量缩减生产周期。生产型企业是整个供应链中最上游的一环，如果这一环节做不好，那么剩下的其他环节就很难展开工作了。所以生产型企业必须做到确保生产时的产品质量以及订单能按时交货，这样才能有效提高客户对生产商的满意度，进一步成为长期合作伙伴，提高企业的盈利，同时也能增强企业的品牌效应。通过 APS 系统能缩短任务的交接时间，对工作进行合理分割，达到缩减生产周期的目的。

APS 系统主要解决"在有限产能条件下，交期产能精确预测、工序生产与物料供应最优详细计划"的问题。APS 系统可制订合理优化的详细生产计划，并且还可以将实际与计划结合，接收 MES 制造执行系统或者其他工序完工反馈信息，从而彻底解决工序生产计划与物料需求计划难做的问题。APS 系统是企业实施 T 生产、精益制造系统的最有效工具。主流的 APS 系统包括表 4-2 所示的功能模块。

表 4-2　系统功能模块

序号	分类	功能	描述
1	产品工艺	产品管理	产品、中间品、半成品、原材料等管理
		工艺路线管理	产品、订单相关的参数化工艺路线管理
		工艺管理	生产工艺管理
		制造 BOM 管理	精细化的制造 BOM 管理
2	设备管理	设备中心管理	设备中心管理
		刀具人员等资源管理	刀具模具人员等副资源管理
		生产日历	人员刀具等生产资源的日历管理维护
		班次管理	班次管理
		换线切换矩阵管理	维护换线时间
3	订单管理	制造订单管理	制造订单管理
		客户管理	客户属性管理
4	派工反馈	作业计划	设备级别的详细作业计划
		投料计划	投料计划
		入库计划	入库计划
		计划结果评估	结果评估分析
		派工反馈	计划派工、锁定、反馈等
5	计划策略	计划策略管理	计划策略管理
		排程规则管理	排程规则管理
		资源权重管理	资源权重管理
6	计划可视化	资源甘特图	可视化设备任务安排
		订单甘特图	可视化开工、完工时间
		资源负荷图	可视化设备负荷情况
		物料库存图	可视化库存安排
7	核心算法	有限产能计划	考虑各项约束
		无限产能计划	类似 MRP 的无限产能计划
		分步排程	分步排程
		启发式排程算法	基于规则的启发式排程算法
8	集成引擎	集成引擎系统	与 ERP/MES 等系统无缝集成

4.4.3 统计过程控制系统(SPC)

SPC(Statistical Process Control),是企业提高质量管理水平的有效方法,是对制造流程进行测量、控制和品质改善的行业标准方法论。利用统计的方法来监控过程的状态,确定生产过程在管制的状态下,以降低产品品质的变异。

1. SPC 系统的特点

SPC 系统能为企业科学地区分生产过程中的正常波动与异常波动,及时地发现异常状况,以便采取措施消除异常,恢复过程的稳定,达到降低质量成本、提高产品质量的目的,它强调全过程的预防。具体如下:第一,它会告诉使用者生产过程的波动状况,使用者是否应该对生产过程进行调整。第二,它能将此波动与事先设定的控制规则相比较,为品质改善提供准确的方向指引。第三,它能评估使用者所采取的质量改进措施,以使质量得到持续的改善。

2. SPC 系统的功能框架

SPC 系统是个"管理"系统。其"管理"主要体现在异常发生时,系统能将判定、告警、处置和质量改进的全过程进行有效管理,而并非只是收集数据并作图。SPC 系统的功能框架如图 4 - 8 所示。

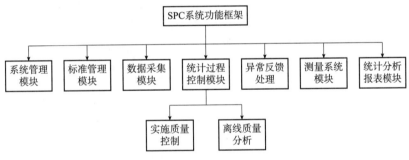

图 4 - 8 SPC 系统的功能框架

3. SPC 系统的效益

SPC 系统强调全过程监控、全系统参与,并且强调用科学方法(主要是统计技术)来保证全过程的预防。SPC 系统不仅适用于质量控制,更可应用于一切管理过程(如智能生产车间管控产品设计、市场分析等)。正是它的这种全员参与管理质量的思想,实施 SPC 可以帮助企业在质量控制上真正做到事前预防和控制。

4.4.4 质量管理系统(QMS)

QMS(Quality Management System),是通过系统平台为用户实现对标准、法规和质量活动的全面管理。QMS 不仅能实现文档电子化,而且能进行数据分析和信息挖掘,给用户提供详细的趋势分析,帮助用户发现趋势,改进生产过程,提高质量管理的水平。QMS 的优

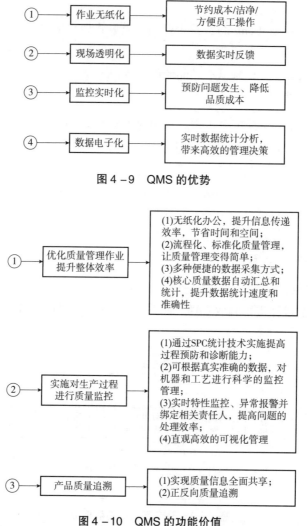

势如图4-9所示，功能价值如图4-10所示。

图4-9 QMS的优势

图4-10 QMS的功能价值

一个好的质量管理系统可以实现企业质量管理水平的快速提升，但是，由于公司文化等诸多因素不同而存在相应的差异性。换句话说任何产品都不能百分百满足企业所有管理需求，所以势必会有二次开发功能，这就对软件供应商提出了更多要求。企业可从以下三个方面来选择QMS供应商。

(1)应有丰富行业实施经验。同一个管理过程，因不同行业存在很大差异性，如汽车及装备制造业等复杂产品行业对供应商管理有很高的要求，因为其产品质量70%取决于其供应商提供的零部件质量。然而对于电子零部件、材料等行业来说，主要质量控制取决于企业内部设计及生产过程。项目核心团队成员的行业经验能确保充分识别行业管理现状、要求及企业管理侧重点的差异性，制定有针对性的解决方案，实现信息化项目的平稳实施及应用，并担负起管理方法的传播者的角色，助推企业管理水平提升。

(2)具备质量管理咨询能力。企业管理信息化系统解决方案的关键：咨询顾问在需求调研时能否充分识别行业管理要求及管理问题点，并制定有针对性的解决方案。拿数据采集方案制定来讲，制定采集方案时需充分考虑企业管理目标数据体系、行业管理需求及现场生产节拍要求，进而设计有针对性的采集点布局、数据采集方法及对应的硬件需求等。专业的咨询系统能够根据需求构想，结合产品功能配置制定有针对性的行业解决方案，进而保证其行业针对性。

（3）产品成熟度。大家都知道，ISO 体系标准是一个通用性的企业质量管理体系标准，适合各行各业，因为 ISO 体系标准充分识别了企业管理所有核心业务过程，并提出了对应的标准要求。换句话来讲，ISO 体系就是企业管理的通用管理法则，企业建立 ISO 体系其实建立的是一套企业管理持续改进机制。就 QMS 系统来讲就分为汽车行业版、装备制造行业版、电子行业版，进而识别不同行业管理特点及要求，为行业质量管理解决方案成功落地提供平台支撑。

4.4.5 设备管理系统(EMS)

EMS(Equipment Management System)，是一个以人为主导，利用计算机硬件、软件、网络设备通信设备以及其他办公设备，进行信息的采集、传输、加工、储存、更新和维护，以战略竞优、提高效率为目的，支持高层决策、中层控制、基层运作的集成化的人机系统。

在信息化管理体系建设中，设备管理系统被看作重中之重。因为设备是工厂生产中的主体、生命线，随着科学技术的不断发展、智能制造的产业升级，生产设备日益智能化、自动化，设备在现代工业生产中的作用和影响也随之增大，在整个工业生产过程中对设备的依赖程度也越来越高。

设备管理系统是非常通用的管理信息系统，使用它可以有效地管理设备资源、维护设备的正常运转，从而提高工作效率。设备管理系统一般包括表4-3所示的几部分。

表4-3 EMS 功能模块

序号	功能模块	具体说明
1	设备信息管理	建立企业各种设备信息增加、修改、删除、查询等操作，通过规范的编码体系，进行资产设备档案管理、设备台账管理及各类设备信息管理信息的统计分析、设备原值折旧等管理，设备资料的导入导出、设备附件管理、设备组合查询统计等
2	设备运行状态管理	对于资产设备的日常运营工作情况记录，建立动态的统计报表与管理运行情况统计报表
3	设备维修管理	对于资产设备的日常维护计划进行有效管理，并对维护类别、原设备维修管理及维护工作实施情况实施管理与控制，并建立维护统计分析报表，另外可打印保养计划、自动保养提醒及维修计划审批
4	设备调拨管理	对于资产设备的调拨进行有效的控制与管理，对调拨计划、原因，设备调拨管理调拨审批及调拨的工作实施进行过程控制，并建立调拨统计分析报表

序号	功能模块	具体说明
5	设备文档管理	对资产设备整个生命周期内的图文资料进行管理
6	设备报废管理	对于资产设备的报废进行审批及控制,对报废原因、计划,报废设备报废管理的审批及报废的工作实施进行全程管理,可自动计算折旧年限并建立报废统计分析报表
7	特种设备管理	对特种设备进行增加、修改、删除及查询操作,并对特种设备进行检测管理
8	设备库存管理	进行设备出入库管理,并可生成库存明细表。出入库明细。可进行条码打印
9	设备盘点	对资产设备进行盘点,进行盘盈盘亏及与财务系统接口管理
10	日志权限管理	对资产设备的管理按行政级别进行权限控制,并对重要的操作进行日志记录,以保证系统安全

EMS 的作用主要体现在:采用信息化管理方式管理设备台账、日常运行、保养维护、点巡检、故障报修、报废等,助力企业实现设备管理信息化、无纸化和智能化,提升设备可利用率,提高设备收益,降低管理成本,提升企业经济效益,提高企业市场竞争力。通过 EMS 系统能够固化优秀的设备管理模式,提升企业设备管理标准化水平;可助推设备管理流程的再造与优化,实现设备管理规范化和精细化,提高企业总体执行效率;可建立设备管理数据库,通过信息共享,方便企业查询、统计和分析,避免因人员变动等造成资料和数据的缺失,保障信息管理安全稳定;可提高设备的可靠性和可利用率,减少企业设备故障停机时间,提升设备的综合运行效率;能合理地整合与配置企业的技术资源、人力资源、备件资源以及资金等,帮助企业实现资源利用最大化,提高维修工作的效能;可借助信息系统及互联网技术加强现场工作管控,全面跟踪记录设备维护、维修过程,帮助企业实时掌握设备状态,为企业设备资产管理提供准确及时的维护与维修信息分析;可为企业提供备件库存预警机制,实现采购—库存—消耗联动,降低备件库存及其备件成本,并配合相关管理制度加强备件领用管理;可制定出科学的绩效指标与考核体系,通过对数据处理分析为企业经营决策提供科学依据。

4.4.6 电子拣选系统(DPS)

DPS(Digital Picking System),具有弹性控制作业时间、即时现场控制、紧急订单处理等功能,能够有效降低拣货错误率,加快拣货速度,提高工作效率,合理安排拣货人员行走路线。

1. DPS 的构成

DPS 在货物储位上安装电子显示装置,由中央计算机管理控制,借助标示灯信号和数码显示屏,使作业人员根据所显示的数字从而正确、快速、轻松地完成拣货任务。DPS 的系统结构如图 4-11 所示。

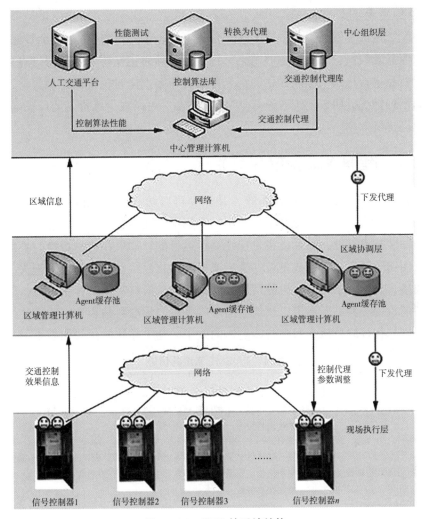

图 4 – 11　DPS 的系统结构

2. DPS 的特点

DPS 由流动货架、电子标签、堆积滚筒输送线、条形码阅读器、管理与监控系统构成，具有以下特点：①电子标签采用先进信号合成技术，通信信号搭载于电源波形上，利用不锈钢导线传输电源及数据信号，配线只需两芯，所有电子标签均并联在一线，统一连接到接入盒中，降低了配线成本。②系统的维护简单。在电子标签拣选系统中，安装了一个零地址电子标签，该标签可实时监视整个 DPS 系统的运行情况，当出现故障时，零地址电子标签立即显示出错电子标签的地址和故障原因，供操作人员参考，当需要更换出故障的电子标签时，不必关闭电源，可直接进行热插拔操作。③堆积滚筒输送线提供足够的缓冲能力，当某个料箱在某个拣选工作区被止挡器挡住时，其他部分依旧正常运行。可以方便地与生产线对接。④多个拣选工作区并行作业。⑤料箱进入输送线后，如果在某个工作区没有拣选任务，则信息自动向下一个工作区传递，以便拣货人员做好准备。

3. DPS 的效益

DPS 为无纸化拣货模式，以一连串装于货架上的电子显示装置(电子标签取代拣货单，指示应拣取商品及数量，将人脑解放出来，拣货员无须靠记忆拣货，根据灯光提示可以准确无误地对货品进行拣选，不同颜色的灯光可以方便多人同时拣货而无须等待，方便企业应对订单暴增的情况。DPS 系统通过与 WMS 相结合，可以减少拣货人员目视寻找的时间，更大幅度提高拣货效率。

4.4.7　防错料管理系统(SMT)

SMT(Surface Mount Technology)系统，是一套可以防止生产时错料的问题、保证产品质量、减少停机时间、大幅度提高生产效率的实用性工业软件。

在表面贴装技术行业，贴片设备是连续高速运行的，如果在机种切换时不能有效地防止用错料或用错送料机，将造成批量的返工或报废，从而给企业带来巨大损失。要避免这种情况的发生，好的办法就是在机种切换时、续料时、换料时、ECN 变更时，能便捷有效地将待上料的机台、料站、通道以及料盘的对应关系与标准料站表进行比较，由系统自动根据校验规则进行校验，从而起到智能防错的效果。SMT 系统的优势如表 4-4 所示。

表 4-4　SMT 系统的优势

序号	优势	具体说明
1	防错能力强	在上料、接料、换料过程提供错料声光警示，一旦用料错误，系统立刻报警，禁止继续用料操作
2	设备严格管控	系统对贴片机、钢网、飞达等进行严格管控，钢网支持限用产品、工序，飞达支持限用机型、钢网飞达条码快速打印功能、设备保养维护记录、使用记录查询、使用次数统计
3	智能化操作强	①智能欠料预警，可让上料员提前备料，大幅减少停机时间。②智能备料，快速准确地指引上料员进行找料备料，提高备料效率。③智能上料，上料员只需进行简单的扫描步骤即可准确无误上料，提高上料效率。④智能线，把由传统方式花费的 2~4 个小时缩短到 30min 以内，减少停机时间和线工时
4	严格生产管控	备料上料过程严格控制，并完整记录，可以方便地查询到订单上严格生产管控使用的物料的厂商、批号、生产日期、规格，以及上料员、上料时间、换料时间等详尽的信息
5	多样化的可追溯性	提供丰富的报表查询功能，如 BOM、PCBA 用料记录、上料记录、错料记录、转产记录、叫料看板等，满足生产时的不同需求
6	高度适应性	可以同 MES、ERP 等系统进行数据对接共享，同时可以根据不同的客户进行定制开发，适应不同客户的要求
7	提高效率	完全抛弃纸质站位表，操作员无需上料表，根据系统的提示即可快速无误地备料及上料，使培训新员工简单化，最大化地减少人工操作，提高运行效率

4.4.8　仓储管理系统(WMS)

WMS(Warehouse Management System)，是通过入库业务、出库业务、仓库调拨、库存调拨和虚仓管理等功能，对批次管理、物料对应、库存盘点、质检管理、虚仓管理和即时库存管理等功能综合运用的管理系统，有效控制并跟踪仓库业务的物流和成本管理全过程，实现或完善企业仓储信息管理。

WMS 可以独立执行库存操作，也可以实现物流仓储与企业运营、生产、采购、销售智能化集成，可为企业提供更为完整的物流管理流程和财务管理信息。WMS 具有以下优势：①数据采集及时、过程精准管理、全自动化智能导向，提高工作效率；②库位精确定位管理、状态全面监控，充分利用有限仓库空间；③货品上架和下架，全智能按先进先出规则自动分配上下架库位，避免人为错误；④实时掌控库存情况，合理保持和控制企业库存；⑤通过对批次信息的自动采集，实现对产品生产或销售过程的可追溯性；⑥WMS 条码管理促进公司管理模式的转变，从传统的依靠经验管理转变为依靠精确的数字分析管理，从事后管理转变为事中管理、实时管理，加速了资金周转，提升供应链响应速度，这些必将增强公司的整体竞争能力。

WMS 能与其他系统的单据和凭证等结合使用，可提供更为全面的企业业务流程和财务管理信息。系统可满足为 2C 业务服务的国内电商仓、海外仓、跨境进口 BBC 保税仓与为 2B 业务服务的各类仓库业务管理需要；系统可支持多仓协同管理，并针对单仓进行个性化流程配置，根据 2B、2C 业务需要，实现简单管理和精细化管理；系统可提供收货、入库、拣货、出库、库存盘点、移位等各种仓库操作功能；系统可提供多样化策略规则，实现智能分仓、智能上架、智能拣货；系统可支持自动识别技术(如一维、二维条形码)，可与自动分拣线、自动拣货小车等物流辅助设备集成，提高仓库作业自动化水平；系统可指引仓库人员作业，作业效率更高，同时减少了人为差错；仓储管理模式以系统为导向，可确保库存的准确率，操作效率高；合理控制库存，提高资产利用率，降低现有操作规程和执行的难度；易于制订合理的维护计划，数据及时，成本降低，为管理者提供正确的决策依据。

4.5　智能生产过程监控

4.5.1　集散控制系统(DCS)

DCS(Disributed Control System)，在国内自控行业又称控制系统，是相对于集中式控制系统而言的一种计算机控制系统，是在集中式控制系统的基础上发展、演变而来的。

1. DCS 的特点

作为生产过程自动化领域的计算机控制系统，DCS 具有系统可靠性高、系统维护简单方便、开放的系统特性、系统组成灵活、功能齐全的特点。

（1）系统可靠性高。DCS 将控制功能分散在各个计算机上来实现，每台计算机承担单一的系统任务，这样，当系统的任一计算机出现故障后，不会对系统其他计算机构成重大影响。而且，这种结构模式可以针对系统需求采用专用计算机来实现功能要求，使系统计算机的性能得到了较大的提升，提高了系统可靠性。

（2）开放的系统特性。DCS 采用了标准化、模块化的设计，系统中的独立计算机通过工业以太网进行网络通信。标准化、模块化的设计使得系统具备了开放特性，各个子系统可以方便地接入控制系统，也可以随时从系统网络中卸载退出，不会对其他子系统或是计算机造成影响，使系统在进行功能扩充与调整时十分方便。

（3）系统维护简单方便。DCS 由功能单一的小型或是微型计算机组成，各个计算机间相互独立，局部故障不影响其他计算机的功能，可以在不影响系统运行的条件下对故障点进行故障的检测与排除。

（4）系统组成灵活、功能齐全。DCS 可以实现连续、顺序控制，可实现串级、前馈、解耦、自适应及预测控制，其系统组成方式十分灵活。可以由管理站、操作员站、工程师站、现场控制站等组成，也可以由服务器、可编控制器等组成。

2. DCS 的结构组成

DCS 从系统结构上来说，分为过程级、操作级与管理级。目前，在一般的工业应用中，主要是由过程级与操作级组成，具备管理级的 DCS 在实际应用中还是比较少的，尤其是在一些规模处于中小等级的企业中，涉及管理级的更为少见。

3. DCS 的应用领域

DCS 主要应用于过程控制，主要有发电、石化、钢铁、烟草、制药、食品、石油化工、冶金、矿业等自动化领域。目前，航天航空、火电、核电、大型石化、钢铁的主控单元必须使用 DCS 进行控制。

4. PLC 与 DCS

PLC（可编程逻辑控制器）、DCS 是过程生产控制领域的两大主流系统，有着各自的特点和本质的差异，还存在着一些联系。目前，国内先进的大中型过程控制基本上以采用 PLC 和 DCS 为主，包括将 DCS 概念拓展的 FCS（现场总线控制系统）。新型的 DCS 与新型的 PLC，都有向对方靠拢的趋势。新型的 DCS 已有很强的顺序控制功能；而新型的 PLC 在处理闭环控制方面也不差，并且两者都能组成大型网络，DCS 与 PLC 的适用范围，已有很大的交叉。

5. DCS 和 PLC 之间的不同

（1）发展历史不同。DCS 从传统的仪表盘监控系统发展而来。因此，DCS 从先天性来说较为侧重仪表的控制，甚至没有 PID（比例微分积分算法）数量的限制。PLC 从传统的继电器回路发展而来，最初的 PLC 甚至没有模拟量的处理能力，因此，PLC 从开始就强调的是逻辑运算能力。

（2）系统的可扩展性和兼容性不同。市场上控制类产品繁多，无论是 DCS 还是 PLC，均有很多厂商在生产和销售。对于 PLC 系统来说，一般没有或很少有扩展的需求，因为 PLC 系统一般针对设备来使用。一般来讲，PLC 也很少有兼容性的要求，比如两个或两个以上的系统要求资源共享，对 PLC 来讲也是很困难的事。而且 PLC 一般都采用专用的网络结构，比如西门子的 MPI 总线性网络，甚至增加一台操作员站都不容易或成本很高。DCS 在发展的过程中也是各厂家自成体系，但大部分的 DCS，虽说系统内部的通信协议不尽相同，但操作级的网络平台不约而同地选择了以太网络，采用标准或变形的 TCP/IP 协议。这样就提供了很方便的可扩展能力。在这种网络中，控制器、计算机均作为一个节点存在，只要网络到达的地方，就可以随意增减节点数量和布置节点位置。另外，基于 Windows 系统的 OPC、DDE 等开放协议，各系统也可很方便地通信，从而实现资源共享。

（3）数据库不同。DCS 一般都提供统一的数据库。换句话说，在 DCS 中，一旦一个数据存在于数据库中，就可在任何情况下引用，比如在组态软件中、在监控软件中、在趋势图中、在报表中等。而 PLC 系统的数据库通常都不是统一的，组态软件和监控软件，甚至归档软件都有自己的数据库。

（4）时间调度不同。PLC 的程序一般不能按事先设定的循环周期运行。PLC 程序是从头到尾执行一次后又从头开始执行（现在一些新型 PLC 有所改进，不过对任务周期的数量还是有限制）。而 DCS 可以设定任务周期，比如，快速任务等。同样是传感器的采样，压力传感器的变化时间很短，我们可以用200ms 的任务周期采样；而温度传感器的滞后时间很长，我们可以用2s 的任务周期采样。这样，DCS 可以合理地调度控制器的资源。

（5）网络结构不同。一般来讲，DCS 通常使用两层网络结构，一层为过程级网络，大部分 DCS 使用自己的总线协议，比如西门子和 ABB 的 Profibus、ABB 的 CAN bus 等，这些协议均建立在标准串口传输协议 RS232 或 RS485 协议的基础上。现场 I/O 模块，特别是模拟量的采样数据十分庞大，同时现场干扰因素较多，因此应该采用数据吞吐量大、抗干扰能力强的网络标准。基于 RS485 串口异步通信方式的总线结构，符合现场通信的要求。I/O 的采样数据经 CPU 转换后变为整形数据或实形数据，在操作级网络上传输。因此操作级网络可以采用数据吞吐量适中、传输速度快、连接方便的网络标准，同时因操作级网络一般布置在控制室内，对抗干扰的要求相对较低。因此采用标准以太网是最佳选择。PLC 系统的工作任务相对简单，因此需要传输的数据量一般不会太大，所以常见的 PLC 系统为一层网络结构。过程级网络和操作级网络要么合并在一起，要么过程级网络简化成模件之间的内部连接。PLC 很少使用以太网。

（6）应用对象的规模不同。PLC 一般应用在小型自控场所，比如设备的控制或少量的模拟量的控制及连锁，而大型的应用一般都是 DCS。习惯上，我们把大于 600 点的系统称为 DCS，小于这个规模的叫作 PLC，当然，这个概念不太准确，但很直观。

4.5.2　生产现场管控系统（SFIS）

SFIS（Shop Floor Information System），也称现场信息整合系统，是一套能够掌握生产现场状态并及时给管理者反馈信息，以便对生产现场进行有效控制的系统。如图 4 – 12 所示。

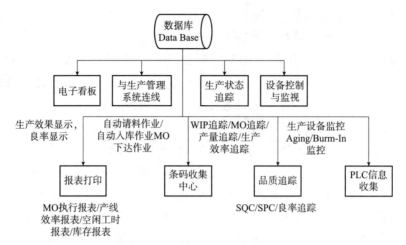

图 4 – 12　SFIS 的架构

从公司整体运作来看，SFIS 连接于上层制造业 ERP 系统、供应链管理系统（SCM）和现场作业/生产设备之间，提供实时且准确的实际生产数据，进而有助于管理者制订运筹计划。从现场管理来看，SFIS 整合了工厂现场各单位（如生管、制造、品管等）的各项数据，使各单位得以迅速得到作业所需的信息，以提升生产效率、产品质量与客户满意度。

（1）SIFS 的特性

①实时资料处理，生产过程的数据可以进行实时反馈，保障实时对生产现场的管理。

②现场资源追踪，可以及时了解生产现场包括人力、设备、材料等资料的利润情况。

③自动化设备控制，可与生产自动化设备进行对接，使系统与设备真正一体化。

④现场无纸化办公，全部采用电子设备采集生产数据，不需要再填写大量的书面报告。

⑤生产状况监控，可以通过系统及时了解产品情况，实时把握生产的最新状况。

⑥开放式数据库，可与 ERP 等系统平台联接，可提供数据库接口，供企业进行二次开发。

（2）SFIS 的功能

①生产计划从企业 ERP 转入，与 ERP 进行无缝连接；

②分级权限管理，不同职位与工种进行严密的权限管理，进行层层把关，做到严密的防护；

③工单灵活调度，产线调度非常灵活，避免因查单、换单造成的产线停产；

④工序/工站/制程的管理，可以对产品工序、生产工站、生产制程进行防保管理；

⑤全过程电子采集数据，生产过程全部采用电子设备收集数据，避免人为书写造成的数据错误；

⑥实时数据统计与报表，系统实时进行数据统计，并采用电子报表方式实时显示生产状况。

（3）SFIS 的硬件配置

①条形码识别。SFIS 系统以条形码或 RFID 电子标签作为产品身份识别码，整个运行过程大半都是将条形码打印在标签纸张上，为了保障条形码的准确性，共分为打印、检验、粘贴、刷读四个步骤。

②PDA 采集。产品信息收集全部采用 PDA 手持终端来执行，它的主要功能是读取条形码所表达的信息，按种类来分可以分成全自动收集器与人工辅助半自动收集器两类。

4.5.3 电子看板系统

电子看板管理是企业实现生产智能化、即时化、可视化的重要手段，也是 MES 系统的重要组成部分。在很多的企业，虽然安装了视频监控，做到了对生产现场实时的监控，但这也只是停留在对生产的表面监控，而对于真正的"可视化"生产、品质、设备的运转状况，却是心有余而力不足。因此，MES 的电子看板整体解决方案，将原本不可见的内容可视化，有助于生产管理人员在第一时间内发现问题、解决问题。

（1）电子看板系统的组成

电子看板系统主要由车间现场数据采集装置、硬件设备、看板系统并集成和其他信息化软件三大部分组成。

（2）电子看板管理系统的特征

①形象直观、简单方便、提高工效。电子看板系统可以迅速快捷地传递信息，形象直观地突出信息，客观公正地评价信息。企业生产现场管理人员组织指挥生产，实质上就是在发布各种信息，而操作人员就是信息的接收者和执行者。有秩序的生产作业，就是信息的传递和作用过程。在机器生产条件下，生产系统高速运转就要求信息传递和处理准确及时。

②突出计划与执行的差异，突出生产现场的故障与问题反映。电子看板系统为不同的决策者定义专属的差异看板，以准确有效的数据辅助企业决策层做出正确判断，及时发现生产问题，及时调整生产计划。

③科学地改善生产现场的条件和环境，产生良好的心理效应。科学系统地改善同现场生产人员视觉感知有关的因素，既符合现代科技要求和生产管理需求，又适合人们的生理和心理特点，产生良好的心理效应，调动并保护现场人员的生产积极性，实现精细化管理，降低企业生产成本，提高企业生产效率。

④提高透明化程度，促进现场人员相互配合、监督和协调，发挥激励作用。对生产工艺流程的要求做到公开化，公示 5W2H 的内容，即干什么（What）、谁来干（Who）、在哪里干（Where）、何时干（When）、为什么干（Why）以及如何干（How）、干多少（How much），这有利于现场人员相互监督，协调工作进度，同时，违规行为也难以发生。

（3）电子看板系统的功能

①建立目视化管理，对生产管理现场状况统一管理，提高管理效率。

②对生产管理中的异常及时报警，降低物料成本。

③生产设备故障报警监视，及时传达，快速定位维修。

④生产待料时间提示人员合理安排生产。

⑤可以通过无线按钮和遥控器完成，解决了生产车间大、导致布线困难的问题。

正是由于传统看板系统存在着对细节管理要求较高且产品和原材料较多时，管理的复杂度和错误率会急剧上升，同时，传统的纸质看板容易丢失、不易保存和追溯周期长的弊端，所以推动着电子看板的发展。

电子看板帮助企业生产实现了可视化管理，将原来不可视的内容可视化；通过看板管理还能够提高制造效率、设备效率和产品的品质，使得库存、生产、品质和机台等设备的运转状况，处于可控的状态；各部门和生产环节的紧密合作，达到可视化管理、精细化管理，节省库存；在发生问题时，可以在第一时间内被感知，相关的人员能够在第一时间采取措施，减少了企业的响应时间。

第5章 石油装备中的智能制造

5.1 智能制造技术在钻头修复中的应用

钻头是石油钻井行业常用的一种钻井工具，也是钻井行业最主要的耗材，PDC 钻头是一种一体式钻头，与其他类型钻头相比，具有高耐磨、高强度和抗冲击的特点，是目前钻井行业普遍使用的钻头。PDC 钻头主要由钻头体、刀翼、喷嘴、保径面和接头等组成，根据钻体冠部材料的不同，可分为胎体式和钢体式两种。从使用过的 PDC 钻头分析来看，大多数 PDC 钻头损坏的主要特征为冲蚀、复合片碎裂、掉片、钻头基体冲蚀磨损等现象。因此，将损坏严重的复合片、切削齿进行适时更换，可以基本达到新钻头的性能，符合循环经济、降低生产成本的节能环保型社会的要求，利用智能制造相关技术对钻头进行修复再利用是十分有效可行的。

（1）破损钻头的点云数据获取

采用可在激光熔覆环境下工作的机器人三维扫描系统对待修复 PDC 钻头进行非接触高速扫描，再通过标定技术将三维扫描传感器获得的三维数据从传感器坐标系转换到工作坐标系；通过逆向工程处理后的扫描数据与实体模型的比较，获取 PDC 钻头破损体的三维数据。由于 PDC 钻头的表面特征比较复杂，而且修复需要达到一定的精度，所以在选择扫描时，选择非接触式激光三维扫描仪 HandySCAN 3D。

该设备主要由高质量的 CCD 照相机和激光发射器组成，基于自定位测量原理，在需要扫描物体表面的任意位置贴上标记点，高速 CCD 照相系统会辨认所有点组成的三角面，并且在屏幕上可以实时地看到这些不断被扫描出来的面，实时输出 STL 格式的表面数据。HandySCAN 3D 通过激光发射器发射激光，由两个 CCD 摄像机记录扫描，8 个 LED 灯屏蔽外界光，使扫描仪在自己的光线环境下进行扫描。

采集前期准备主要包括 4 部分工作：模型分析、粘贴标点、校准和配置扫描参数。长期搁置、压力差及温度差等因素均可能影响扫描仪精度，为避免扫描仪产生偏差，需在数据采集前对扫描仪进行校准。对手持式三维激光扫描仪进行校准是数据采集前的一项重要工作，扫描仪需要知道自身在什么环境下进行扫描，才能扫描出准确的三维数据。校准方法一般按照设备制造商的说明严格进行，仔细校正不准确的三维数据。校准后，可通过扫描仪扫描已知三维数据的测量物体来检查比对，若发现扫描仪的精度无法实现，需要重新校准扫描仪。在这里，我们采用仪器制造商提供的辅助定位标靶板直接校正扫描仪，如图 5-1 所示。

有些工业构件表面对激光反射较强，抑或颜色较暗，使得直接扫描比较困难，此时需

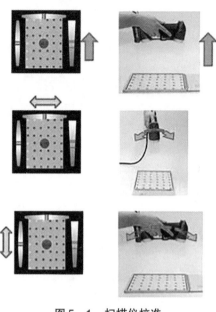

图 5-1 扫描仪校准

要对构件着色，增强构件表面的漫反射，便于扫描仪更好地扫描出目标的三维特征。着色剂的喷施需要均匀，不可太薄或太厚，太薄会影响最终点云数据的完整程度，太厚不仅会覆盖掉一些细节特征，还会增大构件的外形。手持式三维激光扫描仪一般具有自定位功能，无须其他外部跟踪装置即可自动拼接完成扫描工作，而这主要通过在工业构件表面粘贴定位靶标来实现。对于常规尺寸的工业构件，可在各个面上直接粘贴定位靶标，以满足扫描仪完成全方位扫描的要求。若工业构件不能贴足够的定位靶标，则需要增加辅助板面来完成扫描工作，即先在辅助板面上按照规则均匀贴满定位靶标，再通过手持式三维激光扫描仪对构件进行全方位的扫描。对于PDC钻头，我们直接对其表面做简单的预处理，

保证表面的干净即可。然后就可在其表面贴上黏性定位标靶，如图 5-2 所示。

前期准备工作完成之后，即可对钻头进行扫描。利用手持式三维激光扫描仪对钻头从不同的角度进行三维数据捕捉，或更改钻头的扫描角度对其进行全方位的扫描。为确保扫描仪达到最佳的扫描状态，一般扫描仪的激光发射器应与钻体表面保持大致恒定的距离。扫描时一般从曲率变化较小的面开始，当一个面扫描完成转至相邻面时，为便于扫描仪实现自动拼接，必须在扫描范围之内保证一定数量的定位靶标。完成整个构件大部分的数据点之后，即可开始对细节处进行扫描，为达到较好的扫描效果，对构件细节部分一般需进行多角度和长时间的扫描，扫描过程如图 5-3 所示。

图 5-2 PDC 钻头贴标点

图 5-3 扫描 PDC 钻头

在数据采集过程中，当激光只扫过模型表面一次时，数据必然不完整。为保证数据的完整性，需对模型表面多次扫描。数次扫掠势必产生众多冗余数据。对于圆角和凹槽处，

曝光量的增加使得扫描数据更加庞杂。此外，光线环境和人为抖动等因素也会增加不必要的扫描数据。随着计算机处理能力的进步，采集技术也有了很大提高，但海量的数据点云（几万甚至几十万个点）必然会给后续的处理带来不便。庞杂点云也会影响后续曲面的光顺性和精确性，故在建模前扫描得到的原始点云数据，需要首先经过点云数据处理，才能在其基础上进行相应的工件逆向建模。

三维激光扫描仪均能够实现点云的自动拼接，无需后期手动拼接，即对构件表面扫描完成之后，系统能够自动生成构件的三维点云图形。部分扫描仪为了得到完整的、高质量的、可用的点云数据，还需对点云数据进行过滤、去噪、平滑、精简及上色等操作。点云数据处理完成之后，为了与通用的三维软件进行对接，有时还需要进行数据转化操作。但HandySCAN300可自行通过点云生成面片，省去了点云的处理步骤。大致过程为将扫描PDC钻头得到的初始点云数据，利用数据处理软件 Geomagic Studio 进行去除体外孤点、减少噪声、采样、联合点对象、封装、填充孔、去除特征、松弛、网格医生、光滑曲面、简化多边形等优化处理最终得到网格曲面模型，输出 .stl 文件。

（2）破损钻头的模型建立

应用基于实体特征识别及提取的逆向建模方法，在 Geomagic Design X 中重构该零部件实体模型的具体步骤如下。

①导入扫描仪确定的点云数据至 Geomagic Design X，如图 5－4 所示。

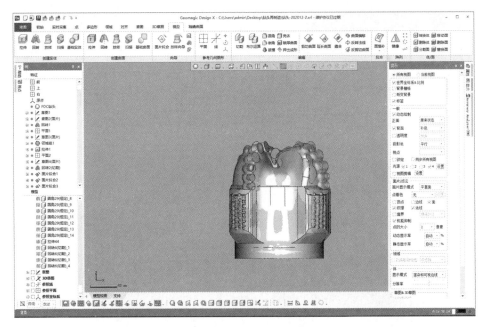

图 5－4　点云数据导入 Geomagic Design X

②去除体外点。由于扫描时受到环境的影响，得到的数据存在一些体外点。这些体外点是不需要处理的数据，因此需要将它们去除。在 Geomagic Design X 中，通过使用"套索工具"可以手动选择需要删除的体外点，点击"删除所选择的"，即可删除体外点，通过多次的操作将所有的体外点删除，最终只保留有用的扫描数据，如图 5－5、图 5－6 所示。

图 5-5　切割 PDC 钻头点云

图 5-6　去除散乱点云

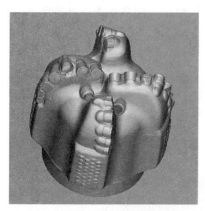

图 5-7　拟合面片

通过截取面片数据来创建面片草图，如图 5-7 所示。拟合的面片草图经过拉伸、放样等操作后便可创建实体，在此基础上可进一步进行创新设计。Geomagic Design X 在创建草图时，提供"平面投影"和"回转投影"两种方式，本模型可采用平面投影方式创建草图。平面投影在选定基准平面后，设定偏移的距离和方向，可通过截取面片获取所需要的断面线段。断面线段多是由直线段和曲线段组成。

草图面片模型中的实体特征全部重构出来后，接下来是对它们进行布尔减运算以获取缺损块模型。布尔减运算时，旋转体、拉伸体和圆柱体等作为主体对象，曲面体作为刀具对象，通过布尔减运算得到圆锥体上的缺损块特征，如图 5-8 所示。

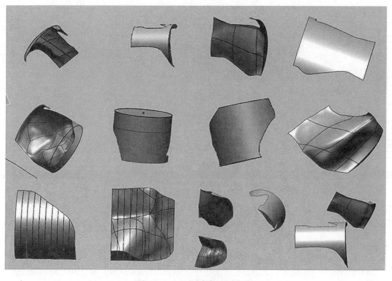

图 5-8　残缺部位模型

为了下一步路径规划的准确以及避免熔覆头与钻头出现干涉，在建好的模型上还需要标定一个方便定位的坐标。如图5-9所示。

（3）钻头修复路径规划

通过扫描的模型与缺损模型得到的破损模型，经过坐标转换，将坐标转换到机器人工作坐标系下，之后对缺损模型进行切片分层，对切好的分层进行线段填充，对路径进行规划，将得到的路径输入固定的工具姿态。

UG NX 软件的 CAM 模块可以在实体模型上直接生成加工程序，并保持与实体模型全相关，用户可以在图形方式下观测刀具沿轨迹运动的情况并可对其进行修改。该模块修改灵活，能够有效地解决复杂零件数控加工手动编程效率低、可靠性差等问题。从 PDC 钻头中任选一个修复区域。首先设置加工环境。根据工艺分析结果，进入 UG 软件加工模块，对 CAM 加工环境进行选择。

图5-9 坐标系建立

该零件主要利用 UG CAM 中的可变轮廓铣功能完成零件的数控加工编程并且生成路径后需导入六轴机器人进行激光熔覆。UG 软件中的"可变轮廓铣"是指在加工过程中，刀轴的轴线方向可变，刀轴可以随着加工表面法向方向的改变而改变，从而改善加工过程中刀具的受力情

图5-10 曲面区域驱动方法对话框

况，生成复杂曲面的多轴加工轨迹。其加工刀轨由驱动几何与驱动点的投影方向控制。驱动几何可以是曲线、边界、表面或独立的曲面图素，系统将驱动几何上的驱动点沿所设定的投影方向投影到零件几何表面上，然后加工刀具定位到零件几何的"接触点"上，刀具由一个接触点向下一个接触点走刀的过程中生成了刀具路径。根据对熔覆区域的分析，【驱动方法】选择"曲面区域"，点击【编辑】，弹出曲面区域驱动方法对话框如图5-10所示，在【指定驱动几何体】项中点击选择和编辑驱动几何体按钮，将层表面设置为驱动几何体，如图5-11所示。由于激光熔覆过程中始终保持材料堆积在加工表面上，所以【刀具位置】选择"相切"，【切削方向】选择如图5-12所示，【步距】选择"数量"，【步距数】指定"20"，单击"确定"。

图5-11 驱动几何体

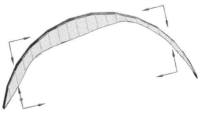

图5-12 切削方向

激光熔覆过程中始终保持枪头垂直于加工表面，所以【投影矢量】选择"垂直于驱动体"。点击几何体选项卡，指定部件为层实体，切削区域为层表面，如图 5-13、图 5-14 所示。

图 5-13　部件　　　　　　　　　　图 5-14　切削区域

点击"非切削移动"选项卡，如图 5-15 所示，勾选"替代为光顺连接"，激光熔覆过程中路径不能超过边界，因此 [光顺长度] 和 [光顺高度] 输入 0mm，且为了避免抬刀，[安全设置选项] 选择"无"，部件安全距离输入 0mm。

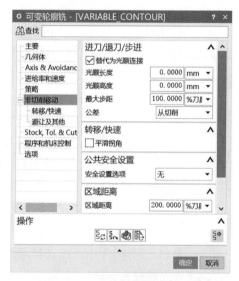

图 5-15　"非切削移动"选项卡

点击"避让及其他"选项卡，指定起点和返回点使得刀具路径能够完整覆盖层表面，否则刀具路径无法覆盖边缘较窄部位，如图 5-16 所示。单击"生成"，得到加工路径如图 5-17 所示。

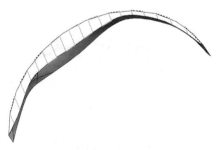

图 5-16　未指定起点和返回点路径　　　　图 5-17　规定起点和返回点路径

如果提示无法进刀或者生成的刀路错乱，则需
要查看是否"材料侧"错误。如果"材料侧"错误导
致过切，则单击【材料反向】箭头确保箭头指向零件
外部，更改如图 5 – 18 所示。

每层按照上述步骤生成刀具路径，如图 5 – 19
所示。

（4）机器人激光熔覆加工

机器人激光熔覆系统配置：进光钎传输半导

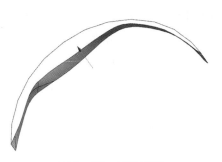

图 5 – 18　材料反向

体、激光器及其激光熔覆头与激光焊接头，该系统主要设备包括主机、step 机器人及其滑
台、激光器与激光熔覆头、同轴送粉喷嘴、控制系统等。如图 5 – 20 所示。

图 5 – 19　所有路径

为保证加工动作的准确性，在进行加工前需要进行加工仿真。将路径规划输入机器人
仿真软件，并依据现场工作条件进行设置，然后进行加工仿真，最后将执行代码输入机器
人进行激光熔覆加工。

输入待修复的三维工件模型，如图 5 – 21 所示。钻头工件应当尽量靠近熔覆焊枪，避

免工件待修复位置存在不可达点，同时避免机器人发生轴超限以及出现奇异点。轴超限即工件待修复的表面存在机器人关节轴运动范围内不可达到的点；奇异点即机器人的末端执行器到达机器人待修复表面的某个点的过程中，机器人的某两个关节在一条轴线上。安装在机械手臂末端执行器上的熔覆焊枪应当尽量保持和待修复工件表面垂直的位姿。记录下待修复钻头模型调整位置完成后的旋转角度，以及坐标位置，为了保证导入的轨迹和待修复工件表面对应的位置没有误差，并且考虑到实际加工，工件旋转的角度以及工件相对于世界坐标系的位置都应当选取整数。

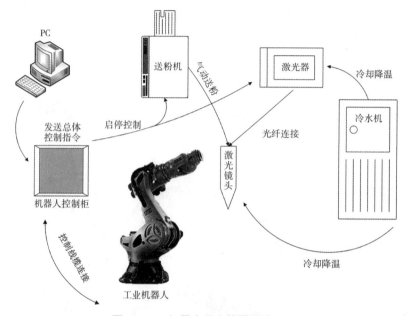

图 5-20　机器人激光熔覆系统组成

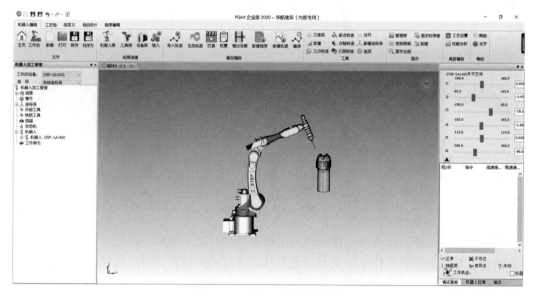

图 5-21　导入工件三维模型

导入待修复工件对应的修复轨迹，将坐标及旋转角度都调整完后，导入格式为 CNC G – code 格式的轨迹文件，设置轨迹相对于世界坐标系原点的位置坐标，如图 5 – 22 所示。

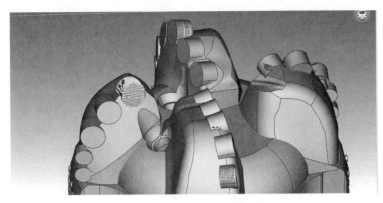

图 5 –22　轨迹对应工件位置

仿真模拟即在上机之前对机器人的路径和状态进行形象的模拟，在机器人真机操作之前掌握机器人的运动情况，减少机器人的上机失误。对导入的轨迹进行仿真模拟，显示轨迹以及轨迹上的各个点没有出现问题点，得出轨迹可以正确运行。编译以及仿真无误后，后置生成代码，将生成的代码导出，保存成机器人所需的格式，将保存完成的代码复制导入机器人的控制柜，机器人即可按照仿真的路线正常运行。如图 5 – 23 所示。

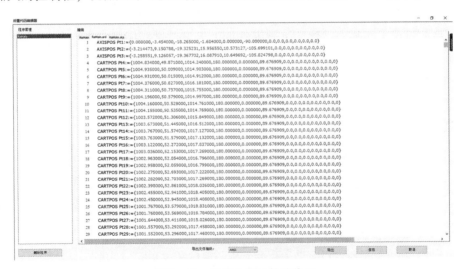

图 5 –23　机器人运行轨迹代码

5.2　智能制造技术在抽油机减速器生产中的应用实例

大庆油田装备制造集团抽油机制造分公司总部拥有各类机械加工、焊接、热处理、起重等设备 1108 台套。为了扩大生产能力、提高产品质量，企业从 1990 年开始，先后购置了镗铣加工中心，数控车床、镗床、铣床、2m 卧车、滚齿机、3.4m 立车、8m 落地镗铣床、6m 龙门刨、9m 珩磨机、数控液压折弯机以及抛丸装置、喷漆装置、6m 数控火焰切割机等 43 套件先进设备，装备能力在国内同行业中居领先水平。

抽油机产品经过 20 多年的发展，已具有年产 6000 台以上的能力。适于国内油田应用的常规、偏置、双驴头、调径变矩、下偏杠铃、摆杆式游梁抽油机及渐开线、摩擦式、偏轮、液压、直线电机等节能型抽油机，共 11 大类 76 个品种；采用 API 标准开发的适用于国外油田用户的 B 系列、C 系列抽油机 118 种；适于油田中后期开发的大传动比减速器、低冲次抽油机 13 种。

抽油机分厂减速器车间主要生产抽油机用减速器及中央轴承座、尾轴承座、曲柄销装置、曲柄装置的加工和组装任务。加工产品主要有十六种型号的二级、三级减速器及与之配套的中央轴承座、尾轴承座、曲柄销装置、曲柄装置等。

该车间于 2019 年引进了轴类自动上下料智能制造生产线，该套生产线主要由 4 台数控车床，系统控制平台，上、下料仓各 4 个，智能机器人及机器人行走地轨组成。

智能制造生产线主要采用数控机床与智能机器人系统信号精准无缝对接，通过控制平台下达指令完成人机分离生产制造任务。

智能制造生产线上、下料由六自由度智能机器人通过机器人行走地轨完成，控制平台下达指令后，机器人从 A 上料仓抓取 A 工件毛坯，放入对应 A 机床进行加工，工件一侧完成加工后，机床门打开，同时给机器人发信号，机器人对工件进行翻转，机床门关闭继续加工，整个零件完成加工后，给机器人发工件全部加工完成指令，机器人为机床下成品，将成品放置在 A 下料仓，然后机器人继续上毛坯，进行循环加工，B、C、D 机床均采用该加工模式。

（1）智能制造生产线

如图 5 – 24 所示，智能制造生产线主要由 4 台数控车床、系统控制平台、上下料仓各 4 个、智能机器人及机器人行走地轨组成。承担抽油机轴类、套类部件加工任务。

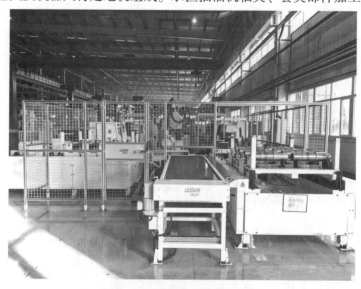

图 5 – 24　智能制造生产线

（2）数控车床

如图5-25所示，4台数控机床具备高速高精度、显示操作功能，刀具管理、数据存储功能，自动编程功能及监控功能等。

图5-25 数控车床

（3）智能机器人

如图5-26所示，六自由度关节智能机器人，系统FANUC R2000iC 270F，控制轴数6轴，与机床系统精准无缝对接，接收控制平台指令完成工件上下料任务。

图5-26 智能机器人

（4）机器人行走地轨

如图5-27所示，机器人行走地轨采用集中润滑，加有IGUS柔性拖链，以保证系统的稳定性和高精度，导轨末端带有限位装置，可实现限位检测，防止滑块脱落，保证工件及托盘装夹位置精度不会受机器人重复定位精度累计误差影响。

图 5 - 27　机器人行走地轨

（5）智能制造生产线上料仓

如图 5 - 28 所示，智能制造生产线上料仓运行速度满足节拍要求，运行平稳，无颤动，缓存 8 件工件。能够实现生产线毛坯的批量缓存，并能够实现毛坯的步进式上料，当机器人取料位毛坯取走后，料仓向前步进一个工位，向上料位补充毛坯。当料仓抓空时，料仓声光报警，提示工人及时备料。

图 5 - 28　智能制造生产线上料仓

（6）智能制造生产线下料仓

智能制造生产线下料仓由两部分组成，下料台与托盘，下料台由框架主体、动力辊子，驱动电机等组成。

托盘放置工件 8 件/个，操作者操作叉车将托盘放置在下料台上，放置到位后，按下启动按钮，电机将托盘输送到准确位置。

智能生产线投产后，通过智能化提升，大大降低了人员劳动强度，操作人员频繁手动装卸工件变为自动化，取消天车吊装，劳动强度及安全风险大幅降低。生产能力由 60 件/天增至 90 件/天，生产效率提升 50%。操作人员由 5 人减至 1 人，利用操控台进行监控，实现人机分离。通过规范化操作减少人员事故，提高人员安全性。

参考文献

[1]国家制造强国建设战略咨询委员会. 中国制造 2025 蓝皮书[M]. 北京：电子工业出版社，2018.

[2]王进峰. 智能制造系统与智能车间[M]. 北京：化学工业出版社，2020.

[3]王立平. 智能制造装备及系统[M]. 北京：清华大学出版社，2020.

[4]龚仲华. 工业机器人技术及应用[M]. 北京：化学工业出版社，2019.

[5]龚仲华，夏怡. 工业机器人技术[M]. 北京：人民邮电出版社，2017.

[6]陈雪峰. 智能运维与健康管理[M]. 北京：机械工业出版社，2020.

[7]周济. 制造业数字化智能化[J]. 中国机械工程，2012，23(20)：11－15.

[8]周济. 智能制造——"中国制造2025"的主攻方向[J]. 中国机械工程，2015，26(17)：2273－2284.

[9]李斌，李曦. 数控技术[M]. 武汉：华中科技大学出版社，2010.

[10]陈明. 智能制造之路：数字化工厂[M]. 北京：机械工业出版社，2016.

[11]唐堂，滕琳，吴杰，等. 全面实现数字化是通向智能制造的必由之路——解读《智能制造之路：数字化工厂》[J]. 中国机械工程，2018，29(3)：366－377.

[12]汪俊俊. 论数控技术发展趋势——智能化数控系统[J]装备制造，2009(6)：242.

[13]陈根. 数字孪生[M]. 北京：电子工业出版社，2020.

[14]谭建荣. 智能制造：关键技术与企业应用[M]. 北京：机械工业出版社，2017.

[15]王昆仑. 我国工业机器人产业现状、竞争力及未来发展策略[J]. 机器人技术与应用，2024，(3)：8－13.

[16]孙璞，王锋，李琳斐. 国外智能制造发展态势分析与启示[J]. 军民两用技术与产品，2023，(6)：32－35.

[17]智能制造的全球发展形势[J]. 自动化博览，2023，40(7)：42－44.

[18]罗序斌. 传统制造业智能化转型升级的实践模式及其理论构建[J]. 现代经济探讨，2021(11)：86－90.

[19]张璐. "中国制造2025"背景下制造业转型升级路径选择[J]. 中国集体经济，2021(4)：9－10.

[20]李晓红. 全球智能制造技术发展综述[J]. 国防制造技术，2020(3)：12－17.

[21]魏诚. 智能制造的内涵、技术路径与实现[J]. 现代工业经济和信息化，2018，8(7)：40－41＋44.

[22]王万森. 人工智能原理及其应用[M].4 版. 北京：电子工业出版社，2018.

[23]周佳军，姚锡凡，刘敏，等. 几种新兴智能制造模式研究评述[J]. 计算机集成制造系统，2017，23(3)：624－639.

[24]王红岩，蔡卫东，史锦屏. 智能制造系统的关键技术[J]. 锻压机械，2001(6)：3－4＋1.

[25]王子宗，高立兵，索寒生. 未来石化智能工厂顶层设计：现状、对比及展望[J]. 化工进展，2022，41(7)：3387－3401.

[26]陈洪军. 面向未来的智能工厂及行业典型[J]. 电气时代，2022(7)：28－30.

[27]黄培. 对智能制造内涵与十大关键技术的系统思考[J]. 中兴通讯技术，2016，22(5)：7－10＋16.

[28]吴祖楠，李泽祎，刘蓟南. 智能制造技术的发展与应用[J]. 湖北农机化，2020(13)：62－63.

[29]卢秉恒，李涤尘. 增材制造(3D 打印)技术发展[J]. 机械制造与自动化，2013，42(4)：1－4.

[30]王磊，卢秉恒. 我国增材制造技术与产业发展研究[J]. 中国工程科学，2022，24(4)：202－211.

[31]葛英飞，邱胜海，李光荣. 智能制造技术基础[M]. 北京：机械工业出版社，2019.

[32]闫旭日，郭永红，张人佶，等. 大型原型 LOM 工艺中热压工艺的分析及系统实现[J]. 中国机械工程，2002(14)：10 - 12 + 3.

[33]赵光华，刘志涛，李耀棠. 光固化 3D 打印：原理、技术、应用及新进展[J]. 机电工程技术，2020，49(08)：1 - 6 + 65.

[34]赵与越，梁延德，刘利. 立体光固化快速成形用光敏树脂[J]. 电加工与模具，2005(3)：33 - 36.

[35]张文君，方辉，袁泽林，等. 桌面型 FDM 3D 打印设备的优化设计与精度分析[J]. 机械，2018，45(1)：5 - 10.

[36]宫玉玺，王庆顺，朱丽娟，等. 选择性激光烧结成形设备及原材料的研究现状[J]. 铸造，2017，66(3)：258 - 262.

[37]王岩，李云哲，刘世锋，等. 电子束选区熔化制备金属材料研究与应用[J]. 中国材料进展，2022，41(4)：241 - 251.

[38]冉江涛，赵鸿，高华兵. 电子束选区熔化成形技术及应用[J]. 航空制造技术，2019，62(Z1)：46 - 57.

[39]王广春. 增材制造技术及应用实例[M]. 北京：机械工业出版社，2014.